Spring Time

暖花開 · 充滿朝氣的手作時節

即將迎來溫暖春日，冬天與春天的季節交替，彷彿世界的聲音在告訴你，迎接新的開始，不論過去的好與壞，春天一到，四處都萌生了新的生命，充滿希望與朝氣，美好又值得期待的每一天，重拾手作熱情，用開朗的心情去創作，你會發現，做出來的作品都是令人讚賞的，為彼此的生活創造更多美麗事物吧！

本期 Cotton Life 推出貝殼包手作主題！邀請擅長車縫與創作的專家，發想出不同外觀造型的貝殼包款，挺立的包型，亮麗或柔美的配色，表現出女性美麗又堅強的形象。有色彩看起來可口的繽紛馬卡龍貝殼包、適合 OL 上班族的風姿綽約事務包、用大眾喜愛的愛麗絲布花創作的夢遊仙境手提包、輕巧好看的小清新扇貝包、帶有龐克味道的蘿莉甜心包，每款都各有特色，風格鮮明。

本期專題「布料 Mix 素材包款」，運用釦子、蕾絲、棉麻線等等，不同材料與布料搭配創作，激發出更多創意。用各種蕾絲與米白珠裝飾而成的浪漫花語手拿包、苧麻線編織的自然系雅緻水桶包、實用率性的英式風休閒斜背包、用各種釦子點綴的春絮飛舞手提包、簡約又帶有特殊織紋的織一個口袋三用托特包，活用素材可以變化出更多特別的創作，讓你的作品獨樹一格。

婚禮是分享幸福與給予祝福的日子，精美的婚禮小物，不論是贈送新人或賓客，都是最珍貴的心意。本次單元收錄蜜月旅行必備的相伴成雙護照套、代表兩人成家的甜蜜小屋零錢包、可愛便利的心心相映卡套、精緻迷人的初戀鈕扣針線包＆愛的急救包，多款甜蜜滿滿的婚禮布小物是否又喚起你新婚時的幸福滋味了呢！

感謝您的支持與愛護
Cotton Life 編輯部
http://www.facebook.com/cottonlife.club/

Cotton Life

春日手作系
2017 年 03 月
CONTENTS

刊頭特集　**氣質甜美貝殼包**

好評連載

混搭風專題　**布料 Mix 素材包款**

延續企劃

幸福特企

甜蜜婚禮布小物

自薦專線

Cotton Life 長期徵求拼布老師、手作達人，竭誠歡迎各界高手來稿，將您經營的部落格或 FB，與我們一同分享，若有適合您的單元編輯就會來邀稿囉～

(02)2222-2260#13　cottonlife.service@gmail.com

國家圖書館出版品預行編目 (CIP) 資料

Cotton Life 玩布生活 . No.24：氣質甜美貝殼包 x 布料 Mix 素材包款 x 甜蜜婚禮布小物 / Cotton Life 編輯部編 . -- 初版 . -- 新北市：飛天手作，2017.03
　面；　公分 . -- (玩布生活；24)
ISBN 978-986-94442-0-0(平裝)

1. 手工藝

426.7　　　　　　　106001921

Cotton Life 玩布生活 No.24

編　　者　Cotton Life 編輯部
總 編 輯　彭文富
主　　編　張維文、潘人鳳、曾瓊儀
美術設計　柚子貓、許銘芳、曾瓊慧、April
攝　　影　詹建華、蕭維剛、林宗億、Jack
紙型繪圖　菩薩蠻數位文化

出 版 者／飛天手作興業有限公司
地　　址／新北市中和區中山路 2 段 391-6 號 4 樓
電　　話／(02)2222-2260．傳真／(02)2222-2261
廣告專線／(02)22227270．分機 12 邱小姐
部 落 格／http://cottonlife.pixnet.net/blog
Facebook／https://www.facebook.com/cottonlife.club
讀者服務 E-mail／cottonlife.service@gmail.com
■總經銷／時報文化出版企業股份有限公司
■倉　庫／桃園縣龜山鄉萬壽路二段 351 號

初版／2017 年 03 月
本書如有缺頁、破損、裝訂錯誤，請寄回本公司更換
ISBN／978-986-94442-0-0
定價／280 元
PRINTED IN TAIWAN

封面攝影／詹建華
作品／紅豆

超詳解！初學者必會

橘子吐司腰包

造型俐落輕巧的小方腰包，外出攜帶輕鬆便利。
帆布與皮革的搭配自在率性，運用五金配件更添
質感。圓弧度的接合與包邊處理，是手作包常使
用到的製作技巧。

製作示範／LuLu　編輯／Forig

成品攝影／詹建華

完成尺寸／寬20cm×高12.5cm×底寬5cm

難易度／★★★

4

Materials 紙型 Ⓐ 面

【以下為裁布示意圖，均以幅寬 110cm 布料作示範排列】

裁布

部位名稱	尺寸	數量
表布		
前表布	紙型	1 片
後表布	紙型	1 片
前口袋袋蓋（表）	紙型	1 片
（上方不需留縫份，請參考裁布圖）		
前口袋袋蓋（裡）	紙型	1 片
腰帶連接布	紙型	4 片（正反各 2）
側邊表布	43×8cm	1 片（含縫份）
拉鍊口布（表）	22.5×4.5cm	2 片（含縫份）

部位名稱	尺寸	數量
裡布		
前裡布	紙型	1 片
後裡布	紙型	1 片
側邊裡布	43×8cm	1 片（含縫份）
拉鍊口布（裡）	22.5×4.5cm	2 片（含縫份）
一字口袋布	24×32cm	1 片（含縫份）

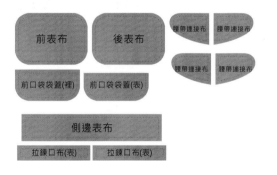

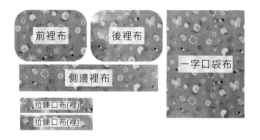

其它配件：
20cm 拉鍊 1 條、撞釘磁釦 1 組、外徑 34mm 雞眼釦 1 組、仿皮貼紙 1 片、織帶長約 65cm、寬 2.3cm 仿皮布約需長 65cm 2 條、口型環 1 個、日型環 1 個、勾釦皮短帶 1 組。

※ 以上紙型未含縫份、數字尺寸已含縫份。

Profile

LuLu

累積十餘年的拼布創作經歷，結合擅長的彩繪繪畫，並運用豐富熟稔的電腦繪圖技術將拼布 e 化，與圖案設計、平面配色和立體作品模擬，交互運用，頗受好評！ LuLu 説：「基本技巧要學得紮實，廣泛閱讀書籍以汲取新知和創意，探索不同領域的技術予以結合應用，還有透過作品説故事，賦予每一件作品豐富的生活感與新鮮的生命力。投注正向情感的作品，會自然散發出耐人尋味的意境，與獨樹一幟的魅力喔！」

LuLu 彩繪拼布巴比倫

Blog：http://blog.xuite.net/luluquilt/1
Facebook：https://www.facebook.com/LuLuQuiltStudio

★ 一、腰帶連接布製作

1 需完成腰帶連接布左右側各一組，依紙型裁剪共四片。◎請留意鏡射和正反的安排再裁布。

2 取其中二片正面相對縫合，垂直邊作為返口不縫。

3 弧度邊的縫份以鋸齒剪修剪，如同剪牙口。

4 翻回正面，壓車臨邊線。

5 前端於適當位置釘上內徑34mm 的雞眼釦。

6 同作法，完成另一組腰帶連接布（不需裝置雞眼釦）。完成的兩組連接布是呈鏡射（左右相反）。

★ 二、袋身後片製作

1 依個人喜好於後裡布縫製內裡口袋。

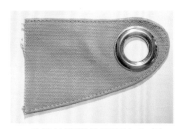

2 後裡布與後表布反面相對對齊，周圍疏縫固定。

3 將雞眼釦腰帶連接布（正面朝上）疏縫於左側，另一組疏縫於右側。

★ 三、前口袋袋蓋製作

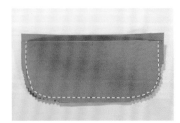

1 袋蓋布依紙型裁剪二片，作為表布的那一片上邊不留縫份。二片正面相對，U形邊縫合，弧度處縫份剪牙口。

2 翻回正面，U形邊壓車臨邊線。

✦ 四、袋身前片製作

1 先製作一字口袋：於一字口袋布上邊入 3.5cm 中央位置畫一 15×1cm 的矩形框。

2 口袋布上邊對齊前表布上邊（正面相對），注意置中，車縫矩形框。
◎由前表布反面看示意圖。

3 於矩形框內剪雙 Y 開口，將口袋布從開口翻至表布背面，沿著矩形框壓車臨邊線。

4 於前表布適當位置車縫仿皮貼紙，注意不要車到後面的口袋布。

5 口袋布往上對折與前表布上邊對齊，沿著前表布周圍疏縫固定口袋布。

6 再修剪掉多餘的口袋布。

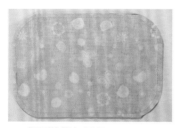

7 背面狀態如圖示。

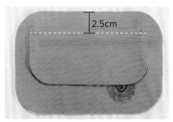

8 取步驟（三）的前口袋袋蓋，正面朝上，上邊對齊前表布上邊入 2.5cm 中央位置，車縫一道直線（縫份 0.7cm）。

9 袋蓋往上翻，壓車一道直線（間距約 0.7cm）。

10 於袋蓋邊入 1.5cm 中央處裝置磁釦的公釦；於前表布下邊入 9cm 中央處裝置磁釦的母釦。

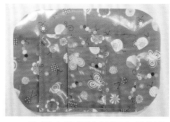

11 依個人喜好於前裡布縫製內裡口袋。

12 將前裡布疏縫於步驟 4-10 的背面固定。

✹ 五、拉鍊口布製作

1 取拉鍊口布表裡各一片。
二片正面相對，夾車拉鍊
的一邊（拉鍊與口布表布
呈正面相對）。

2 將口布翻至正面，壓車一
道臨邊線。

3 同作法，取另二片表裡口
布夾車拉鍊的另一邊。

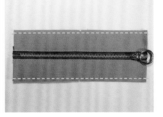

4 翻至正面並壓車臨邊線。
兩邊疏縫固定，完成拉鍊
口布。

✹ 六、側身製作

1 側邊表裡布（正面相對）的
一端夾車拉鍊口布左端。

2 另一端夾車拉鍊口布右端，
翻回正面，縫份倒向側邊布
並壓車。

3 側邊布的部份，沿邊疏縫表
裡布。完成側身成一輪狀。

✹ 七、全體組合

1 步驟（六）與袋身後片周圍
對齊接合。

2 側身與後片接合時，遇弧度
邊或轉角處要先剪牙口→將
牙口撐開，布邊互相對齊→
再進行車縫。

3 接下來以仿皮布條包邊。先
在（後裡布）完成線外黏貼
布用雙面膠帶。

4 同作法，在另一面（側身）
完成線外黏貼布用膠帶。

5 取寬 2.3cm 仿皮布條，一邊
對齊袋身後裡布上的完成線
一邊黏貼。

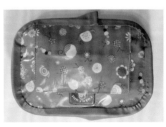

6 圓弧轉角處的布條會呈現皺
褶，因此黏貼時儘量使皺褶
細小平均分佈。

7 布條再往側身那一面折，包覆住縫份並貼齊完成線。
◎在此步驟若覺得布料太厚不易包覆，只要修剪縫份讓縫份留少一點即可。

8 皮條尾端如圖示，折入再重疊覆蓋。

9 沿著布條車縫臨邊線。

10 包邊完成示意圖。

11 轉角處的皺摺包邊狀態。

12 同作法，完成側身另一邊與前片的接合並包邊。

★ 八、腰帶製作

1 織帶一端穿入日型環。

2 另一端穿入口型環。

3 再往回穿入日型環。

4 折二折車縫二道線固定。

5 織帶正面朝下，織帶端距腰帶連接布外緣約 3cm 處車縫固定。

6 織帶往左翻回正面，壓車二道直線。

7 將皮短帶穿入織帶上的口型環，並以鉚釘固定。

8 完成。
◎使用時將皮短帶上的勾釦扣入雞眼釦內，就可以調整長短鬆緊度。

花香菱形立方抱枕

用豐富的花朵圖案來拼貼，
並設計帶有水玉的荷葉邊，
使抱枕散發清雅可愛的感覺。
完成後抱著它，
墜入有紫色薰衣草的夢鄉。

製作示範／彭麗錦　編輯／Joe
成品攝影／詹建華
完成尺寸／直徑約 45 cm
難易度／▼▼▼▼

Materials 紙型Ⓐ面

組合及配色説明

依版型A剪下21片菱形片，依照上、左、右三片拼接成一立方體，上層顏色偏淡色，左側淺色，右側深色。藉由顏色深淺造成視覺上的立體感。

圓形表布	依紙型	1片
圓形裡布	依紙型	4片
配色布A（菱形片）	依紙型	33片
配色布B	依紙型	6片
配色布C	依紙型	6片
荷葉邊	11×300cm	1條（不外加縫份）

其他配件：拉鍊35cm一條、舖棉50×50cm一片、棉花。

※依紙型外加縫份1cm。

Profile

彭麗錦

可愛、溫馨、浪漫、優雅的生活雜貨，都想用布做出來，看著一片片布料漸漸成形的過程，樂趣伴隨著驚喜同時出現，想一直過著這樣的玩布生活。

布遊仙境手作雜貨屋

03-5506004　新竹縣竹北市自強六街 22 號
臉書粉絲專頁　布遊仙境手作雜貨屋
網路店舖 http://www.lichin2004.com/

8 依版型 A 剪下 6 片菱形，分別
和步驟 7 車縫組合（點到點）。
作法同步驟 6。

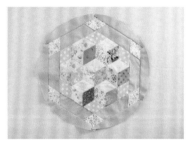

9 依版型 C 剪下 6 片，分別和步
驟 8 車縫組合（點到點），完
成圓形表布前片。

▼製作抱枕

10 將步驟 9 加上舖棉疏縫後壓
縫，可沿著每一個拼接處車壓
縫。

4 將 7 組立方體依排列位置分別
車縫（點到點）。

5 最後組合成一整片。

6 依版型 A 剪下 6 片菱形，分別
和步驟 5 車縫組合（點到點），
作法同步驟 2。

7 依版型 B 剪下 6 片，依序分別
和步驟 6 車縫組合（點到點）。

▼拼接圖案

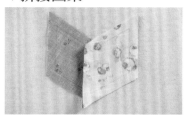

1 先取左右側二片正面相對車
縫，車縫時只能點到點的車縫
（縫份不可車）。

2 將上方菱形片和步驟 1 正面相
對一同先車縫一邊（點到點），
接著再車縫另一邊（點到點）。

3 重覆步驟 1 和 2 作法，車縫出
共 7 組立方體。

12

18 將表布前、後片的返口先車縫固定，只需留一片裡布的返口即可。

19 翻正面後，將返口藏針縫合。

20 再拉開拉鍊翻至表布正面。

21 最後依紙型裁圓形裡布二片，正面相對車縫一圈（留返口），翻正面將棉花塞入，返口縫合，即完成枕心，將其放入抱枕即完成。

14 取一片圓形表布後片，並與步驟 13 正面相對一同車縫 0.5cm 外框一圈。剪開中間 35cm 的直線，二端再剪 Y 字型。

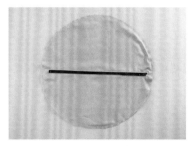

15 翻至正面後車縫拉鍊，再將表、裡布一起疏縫固定。

16 將步驟 12 和 15 正面相對，先以珠針固定一圈。

17 再將另一片圓形裡布置於步驟 16 上面（拉鍊那面），反面朝上，三層一同車縫一圈。記得留返口。

11 裁荷葉邊 11×300cm 一條，車成圈狀後對折燙平，正面朝外。

12 將縫份端縮縫一圈，再置於步驟 10 正面上，沿著外圈（縫份切齊）以手疏縫固定一圈。

13 取一片圓形裡布，中間畫一條 35cm 直線，再依直線外加 0.5cm 外框一圈。

雙面風情工具袋

好裝實用有深度的直立袋型，是收整各類細瑣工具的最佳選擇。
雙面皆雅緻精細的經典拼布圖案，
成為工作桌上稍作休息時想靜靜欣賞的風景。

示範／古依立　編輯／Vivi　攝影／蕭維剛
完成尺寸／長 22cm× 寬 12cm× 高 23cm
難易度／▼▼▼▼▼

Materials 紙型 Ⓐ 面

用布量：表布－印花布16色各0.5尺、裡布－印花棉布3尺
裁布：（以下紙型及尺寸皆已含縫份0.7cm）
表布：棉質印花布

A 拉鍊口布	49×4.5cm	2 片
B 德勒斯登底布	25×17.5cm	1 片
C 德勒斯登	依紙型	12 片
D 下袋身	25×7.5cm	2 片
E 八角星主色布	14×14cm	深／淺各 1 片
F 八角星配色布	30×6cm	2 片
	11×13cm	2 片
G 袋底	46×15cm	1 片
H 菱格配色布 深色	3.5×30cm	9 色各 1 條
H1 菱格配色布 淺色	3.5×30cm	18 條
I 滾邊條	3.5×49cm	2 條（斜布紋）

裡布

裡袋身	依紙型	1 片（厚布襯）

其他配件：49cm #5皮革雙頭拉鍊1條、網眼布19×18cm
1片及22×16cm 1片、包邊帶、蕾絲、造形釦、持手1組、
厚布襯、單膠棉、PE底板21×12cm、連接皮片2片、6×6
雙面鉚釘、金屬腳釘4入、施華洛世奇水鑽（含背膠）

Profile

古依立
就是喜歡！就是愛亂搞怪！雖
然不是相關科系畢業，一路從
無師自通的手縫拼布到臺灣喜
佳的才藝副店長，就是憑著這
股玩樂的思維，非常認真地玩
了將近 20 年的光景，生活就是要開心為人生目標。
合著有：《機縫製造！型男專用手作包》、《型男
專用手作包 2：隨身有型男用包》、《布作迷必備
的零碼布活用指南書》

依葦縫紉館
新竹市東區新莊街 40 號 1 樓
（03）666-3739
FB 搜尋：「型男專用手作包」、「古依立」

How To Make

9 縫份倒向 D 下袋身,共完成 2 條。

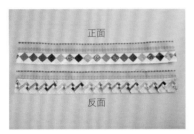

10 49cm 菱格配色布與 A 拉鍊口布 49×4.5cm,正面相對車縫固定,縫份倒向 A,共完成 2 條。

▼八角星袋身製作

E 八角星主色布 2 片正面相對,四周車縫固定。

12 對角裁切為四等分三角形。

---

5 縫份兩側倒開。

6 裁切成 25cm 2 條及 49cm 2 條。

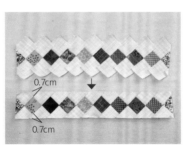

7 依菱格上/下各留 0.7cm,裁剪掉多餘布料。

0.7cm
0.7cm

8 25cm 菱格配色布與 D 下袋身 25×7.5cm,正面相對車縫固定。

▼菱格拉鍊口布製作

1 將 H 菱格配色布 - 深色 1 條於 30cm 處兩側與 H1 淺色布條 2 條,正面相對車縫固定。

2 縫份倒向深色布整燙。

3 再直向裁切成 3.5cm 的布條共 8 條,其餘 8 色作法同上。

4 3.5cm 布條依深色配色布上/下位置錯開接合為一長條。

16

21 編號 6～9 也皆旋轉 180 度。

17 縫份以風車倒向方式整燙，再將角邊縫份修剪。

13 將深色布翻回正面，縫份倒向深色布。

22 分別將一列 3 片先行接合，共 3 列。

18 依上／下、左／右各自切開成三等分，再依圖示編號。

14 對向兩片顏色旋轉 180 度。

19 編號 1 依順時鐘方向旋轉 90 度。

15 上方 2 片正面相對車縫固定，中心點預留 0.7cm 不車，下方 2 片車縫方式同上。

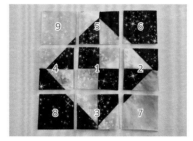

23 再將 3 列接合為一整片。

20 編號 2～5 皆旋轉 180 度。

16 上片／下片再正面相對車縫為一片。

31 以布用口紅膠將縫份黏貼固定。

32 德勒斯登 2 片正面相對車縫一側脇邊。

33 再與另 10 片逐一接合為一個圓圈。

34 縫份統一倒向同一邊整燙。

28 上方與步驟 10 的 A（拉鍊口布）正面相對接合，攤開後縫份倒向 F。

29 下方與步驟 9 的 25cm 菱格配色布接合，縫份倒向 F。

▼德勒斯登袋身製作

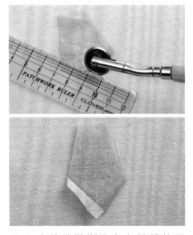

30 先將德勒斯登上方縫份使用直線點線器壓出縫份線。

24 縫份以風車倒向方式整燙。

25 左／右兩側各自接合（F 八角星配色布 11×13cm）2 片，縫份倒向 F。

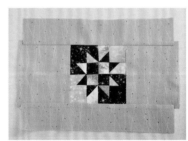

26 上／下再與（F 八角星配色布 30×6cm）2 片接合，縫份倒向 F。

27 依個人喜好角度調整裁剪為 25×17.5cm。

41 表布＋單膠棉＋厚布襯三層整燙後，再依個人喜好壓線。

▼表袋身接合壓棉製作

35 依個人喜好以布用口紅膠固定於 B 裁片。

42 再依紙型裁剪多餘的棉。

38 G袋底於46cm處兩側，分別與八角星袋身及德勒斯登袋身，正面相對中心點對齊，車縫固定。

36 縫紉機上線換淺色透明線，選取「花樣：壓線貼布縫、幅寬：1.0、針趾：1.6」車縫四周。

43 25cm 菱格上／下方車上蕾絲裝飾。

39 縫份皆倒向兩側 D 下袋身。

▼裡袋身製作

44 剪一段 16cm 包邊帶，對折置於網眼布 22×16cm 中心處。

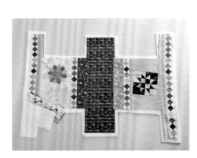

40 單膠棉與厚布襯依表袋身四周外加 1cm 裁剪。

37 上方與步驟 10 的 A 拉鍊口布接合，下方與步驟 9 的 25cm 菱格配色布接合，縫份皆倒向 F。

53 拉鍊置於表布滾邊條下方
（PS：滾邊條外側邊緣需與
拉鍊中心線對齊），由滾邊
條的內側邊緣以（落針壓）
車縫固定。

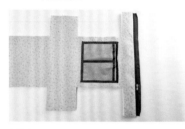

54 裡布翻回袋身背面整燙。

55 另一側拉鍊車縫方式同上。

56 G袋底表／裡布正面相對夾車
拉鍊口布，另一側作法同上。

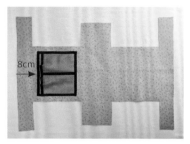

49 再固定於裡袋身袋口下 8cm
處，三周車縫 0.2cm。

▼表／裡袋身組合

50 表袋身兩側袋口（49cm 菱格
處）於正面與 I 滾邊條正面相
對車縫固定。

51 將滾邊條倒向背面先以水溶
性膠帶貼合固定。

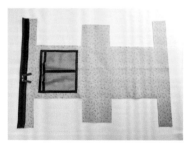

52 將 49cm#5 皮革雙頭拉鍊背
面，與裡袋身袋口處正面布
邊對齊，先以水溶性膠帶黏
貼固定。

45 於 22cm 處以包邊帶對折包覆
車縫固定。

46 置於網眼布 19×18cm 上方，
中心點及底部對齊，先依中
心 16cm 包邊帶兩側車縫固
定。

47 兩側布邊對齊多餘布料倒向
中心，車縫ㄩ形固定。

48 四周以包邊帶對折包覆（以
轉直角方式）車縫固定一圈。

64 固定於兩側袋底與拉鍊口布接合處。

61 德勒斯登花心縫上造型釦裝飾。

57 側身依打角方式將表／裡布，布邊各自對齊，表／裡布一併車縫固定。另外二側身車縫方式同上。

2cm
3.5cm
1cm

65 依圖示位置固定持手，完成。

62 施華洛世奇水鑽依個人喜好燙於八角星，營造為星空景觀。

58 最後一邊的側身車縫時，裡袋身處需留返口。

63 連接皮片先於中心各進 0.5cm 以斬刀打孔，再以 6×6 雙面鉚釘固定為蝴蝶結型皮片。

59 由返口翻回正面。將 PE 底板 21×12cm 由返口處置入於表／裡布之袋底，返口處再以手縫（藏針縫）固定。

2.5cm
3cm

60 袋底依圖示位置打上金屬腳釘（4 入）。

醉漢之路托特包

貼縫不同色塊的圓形，再切割重組，色彩的搭配和圓形的運用，
拼接成別具特色的醉漢之路圖案，看似繁複的變化，
其實是簡單有規律性的組合，學會後創作出屬於自己的手作之路吧！

製作示範／王鳳儀　編輯／Forig　成品攝影／詹建華
完成尺寸／寬 44cm× 高 26cm× 底寬 10.5cm
難易度／▼▼▼

拼布 Fun 手作

Materials 紙型 Ⓐ 面

用布量：主袋布2尺、五色配色布適量、裡布3尺、舖棉布和胚布2尺。
裁布：

配色布a 1	11×11cm	1片（半徑4cm圓）
配色布b	13×13cm	2片（半徑5cm圓）
配色布a 2	16×16cm	3片（半徑6.5cm圓）
配色布c	18×18cm	3片（半徑7.5cm圓）
配色布d	18×18cm	1片
配色布e	18×18cm	1片
表後袋身	紙型	1片（先粗裁50×31.5cm）
裡袋身	紙型	2片
表側身	31.5×12cm	2片
表袋底	紙型	1片（先粗裁15×45cm）
裡袋底	紙型	1片（先粗裁15×45cm）
滾邊布（兩側）	4.5×40cm	2條
滾邊布（袋底）	4.5×100cm	1條

其他配件：冷凍紙、布用膠、磁釦1組、提把1組。

※以上紙型不含縫份，數字尺寸已含縫份。

Profile

王鳳儀

本身從事貿易工作，利用閒暇時間學習拼布手作，2011年取得日本手藝普及協會手縫講師資格。並於2014年取得日本手藝普及協會機縫講師資格。

拼布手作對我而言是一種心靈的饗宴，將各種形式顏色的布塊，拼接出一件件獨一無二的作品，這種滿足與喜悅的感覺，只有置身其中才能體會。享受著輕柔悅耳的音樂在空氣中流轉，這一刻完全屬於自己的寧靜，是一種幸福的滋味。

J.W.Handy Workshop
J.W.Handy Workshop 是我的小小舞台，在這裡有我一路走來的點點滴滴。
部落格 http://juliew168.pixnet.net/blog
臉書粉絲專頁 https://www.facebook.com/pages/JW-Handy-Workshop/156282414460019

How To Make

▼拼接表袋身

9 取11×11cm的配色布a 1，同步驟2～5完成尺寸4cm的圓。

5 取配色布 d，將有冷凍紙的圓形花布燙在中央。

1 準備冷凍紙，剪成圓形紙型共 4 個，半徑尺寸為 4cm、5cm、6.5cm、7.5cm。

10 周圍用毛毯邊縫固定在 7.5cm 圓的中央。

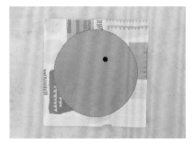

6 周圍用毛毯邊縫固定在配色布 d 上。

2 取配色布 c，燙貼上 7.5cm 尺寸的冷凍紙。

11 翻到背面，留縫份剪掉小圓內多餘布料，並取出冷凍紙。

7 翻到背面，留縫份剪掉圓內多餘布料。

3 沿著圓的周圍留 0.7cm 縫份剪下。

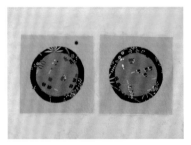

12 同上述作法，將尺寸 5cm、6.5cm 和配色布 c 拼接，共需完成 2 組。

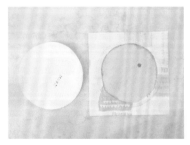

8 並將冷凍紙取出。

4 將冷凍紙撕下，正面朝下放置布背面，沿邊將縫份內折燙好。

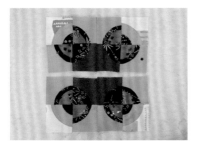

21　一樣分上下兩組，直線先接縫。

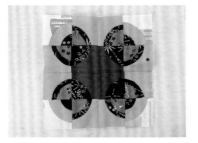

22　再接縫橫線，並將縫份錯開燙平，完成尺寸 31.5×31.5cm（含 0.7cm 縫份）。

▼製作袋身與側身

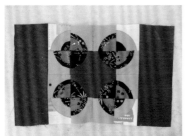

23　取表側身兩片，分別接縫在醉漢之路圖案兩側。

24　再將舖棉布和胚布墊在下方，正面三層壓線固定。

17　將四組各取 1 塊作拼接。

18　分上下兩組，直線先接縫。

19　再接縫橫線，並將縫份錯開燙平。

20　依序完成其他 3 組的拼接（依圖示排列）。

13　同步驟 2～6，完成尺寸 6.5cm 和配色布 e 的拼接。

14　取其中一組，先直線裁切中心線一刀。

15　再橫線裁切，形成 9×9cm 的 4 片布塊。

16　依序完成另外三組的裁切。

▼組合袋身

33 前後表袋身正面相對接合兩側，並車上 4.5×40cm 的滾邊條。

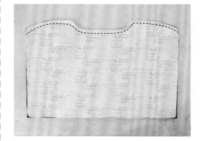

29 取表、裡前袋身正面相對，袋口處車縫。

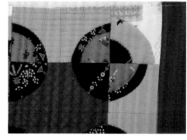

25 中心壓 45 度 1cm 的格子，四邊 0.7cm 直線，醉漢之路圖案落針壓縫，側身 1cm 直線。

34 袋身底部與袋底正面相對，中心與周圍都對齊好，車縫一圈。

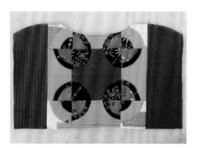

30 翻回正面，袋口壓線 0.3cm 固定縫份。

26 取表後袋身粗裁，三層一起壓 45 度 2.5cm 格子，再依原紙型留 1cm 縫份裁剪。

35 再取 4.5×100cm 的滾邊條，包覆縫份車縫一圈。

31 後袋身同前袋身作法完成袋口壓線。

27 袋底的最底層胚布改裡布，三層一起壓 1cm 直線，再依原紙型留 1cm 縫份裁剪。

36 翻回正面，手縫上提把即完成。

32 在袋口中心往下 4cm 位置釘上磁釦，袋身其他三邊疏縫固定。

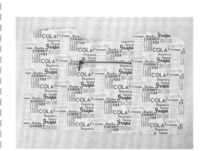

28 裡袋身依個人需求車縫上內口袋。

26

氣質甜美貝殼包

柔美的線條和挺立的外型，襯托出女性的美麗與堅強。

繽紛馬卡龍貝殼包

色彩繽紛的水玉點點搭配上粉嫩的色系和
完美的弧型流線，讓人聯想到可口的馬卡龍。
柔美的色彩與挺立的外在，像女人柔軟而堅強，自信的綻放著
屬於自己的光芒。

製作示範／淩婉芬　編輯／Forig

成品攝影／林宗億

完成尺寸／寬38cm× 高27cm× 底寬12cm

難易度／大大大大

Materials 紙型 Ⓐ 面

用布量：表布 2 尺、裡布 2 尺。（加襯視個人習慣）

裁布

部位名稱	尺寸	數量
表布		
袋身	紙型	2 片
袋身下片	紙型	2 片
袋底	紙型	1 片
提把布	11×50cm	2 片（長度可依個人使用習慣）
提把布下片	紙型	8 片
出芽布	2.5cm× 長度（可依想使用範圍決定）	
裡布		
袋身	紙型	2 片
袋底	紙型	1 片
裡口袋	依個人喜好與需求裁剪	

※ 以上紙型未含縫份、數字尺寸已含縫份。

其它配件：
30cm 拉鍊 2 條（或 60cm 拉鍊 1 條）、3mm 出芽蠟繩（長度可依想使用範圍決定）、3cm 口型環 4 個、鉚釘 16 組、2cm 包邊用人字帶（長度約 130cm）、裝飾皮標或布標 1 片。

Profile

淩婉芬

原從事廣告行銷企劃工作，土木工程畢業。在一次因緣際會下接觸拼布畫與拼布包，便一頭栽進布的世界裡。由於包包創作實在太有趣，因此開始研究各種包款的版型，進而創立一套比較有系統的版型規劃方式。
目前從事網路教學，舉凡包包製作、版型規畫、手工書、拼貼、手工皮件等均為教學範圍。
著作：袋你輕鬆打版‧快樂作包

布同凡饗的手作花園
http://mia1208.pixnet.net/blog
email：joyce12088@gmail.com

9 前裡袋身依個人需求車縫內口袋。圖例為隱藏式一字口袋。

5 將縫紉機換拉鍊壓布腳,並用出芽布包車出芽繩,沿著袋底周圍車縫一圈。

製作提把

返口

1 使用紙型畫好提把下片,不需要畫縫份。將布對折,沿邊線車縫好,留約 3cm 返口。

10 後裡袋身也依個人需求車縫內口袋。圖例為單邊立體貼式口袋。

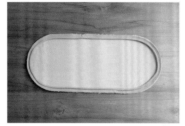

6 完成袋底出芽的車縫。

2 縫份留小一點剪出形狀,全部打牙剪後翻回正面。正面沿弧線邊緣壓線到中間的部份即可,共完成四組。

製作表袋身

11 將袋底下片車縫固定在袋身上,對齊好後使用拉鍊壓布腳沿著出芽邊緣落針壓縫,共完成 2 片。

7 取袋身下片同作法在上緣處車縫出芽。

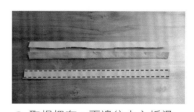

3 取提把布,兩邊往中心折燙,再對折燙平,並在兩側壓線固定,共完成 2 條。

製作出芽

12 將提把下片套入口型環對折,車縫固定於表袋身中心往左右各 6.5cm、往下 4cm 的位置。共完成 2 組(前、後袋身)。

4
6.5 6.5

製作裡袋身

8 將袋底裡布與袋底表布背面相對疏縫一圈。

4 出芽布頭尾端先車合,再沿著袋底邊緣對齊,可用強力夾固定再車縫一圈。

21　再使用人字帶將縫份包邊車縫固定。

22　翻回正面整理好袋型，使用工具釘上提把以及提把下片的鉚釘。

23　在拉鍊頭加上裝飾即完成。

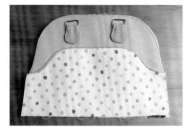

17　將表袋身都翻正，沿著拉鍊邊壓線，完成前後弧形的壓車。（可不壓，依個人喜好方式）

✿ 組合袋身

18　車合表、裡袋身兩側邊。

19　整理袋身，將表、裡袋身底部對齊，疏縫一圈。

20　將袋底與袋身底部四周對齊，車縫一圈。

13　若使用 30cm 拉鍊 2 條就須先將拉鍊頭接起來，如果使用 60cm 一條就可省略此步驟。

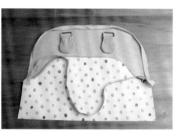

14　將拉鍊拉開，一邊對齊表袋身上緣處並車縫固定。

15　再蓋上裡袋身，沿著原來的拉鍊部分車縫，並在縫份圓弧處剪牙口。

16　翻回正面後，同作法完成另一邊拉鍊車縫。

風姿綽約事務包

兩側流線對稱的外型幹練俐落，由窄至
寬的側身在簡潔中保留足夠的收納空間。
前立體後隱藏的口袋設計，有特色卻不
複雜，讓隨手置物、取物更加便利。

示範、文／傅秋敏 編輯／Vivi 攝影／蕭維剛
完成尺寸／長 38cm × 高 25cm × 寬 14cm
難易度／

 Materials 紙型 Ⓐ 面

用布量：防水布 2 尺、8 號帆布 4 尺、牛津襯 2 尺、洋裁襯 4×4cm
裁布：（所有紙型及尺寸皆含 0.7cm 縫份）

部位名稱	尺寸	數量
防水布 		
F1-1/F1-2 前後袋身表布	依紙型	2 片
F2 前口袋表布	依紙型	1 片
F3 前口袋蓋裡布	依紙型	1 片
F4 側身表布	依紙型	左右各 1 片
F5 側身擋布	依紙型	2 組共 4 片
F6 拉鍊裝飾片	4×12cm	2 片
8 號帆布  		
B1-1/B1-2 前後袋身裡布		
B2 前口袋裡布	依紙型	2 片（襯不含縫份）
B3 前口袋蓋表布	依紙型（高度上方減 0.7cm）	1 片
B4 側身裡布	依紙型	1 片
B5 一字口袋	依紙型	左右各 1 片
B6 筆電擋布	28×45cm	1 片
B7 袋底表布	45×45cm	1 片
B8 袋底裡布	21×39cm	1 片

其它配件：
雙頭金屬拉鍊（碼裝）75cm 1 條、真皮提把 1 組、減壓棉 36×21cm、
2.5cm 人字帶 90cm 1 條、2.5cm 織帶 45cm 1 條 /25cm 1 條 /12cm 1 條、
網狀布（裡布口袋）25×18cm、磁釦 1 組、強力隱形磁釦 1 組、魔鬼氈
6cm 1 組、8x6mm 鉚釘 2 組、8x8mm 鉚釘 8 組

🎋 Profile

傅秋敏

對於手作興趣滿滿，什麼都想玩的心態踏進了教室，藉著一個一個步驟的製作，
到完成作品的喜悅，家人和朋友的支持和讚美，更是我一直做下去的動力，希望
可以把這份手作的喜悅藉此和大家分享！

9 於袋蓋中心以圓斬打一個孔，鎖上磁釦母釦。

表布一字口袋

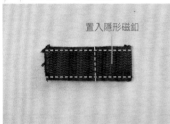

置入隱形磁釦

10 取 12cm 織帶對摺，將一片隱形磁釦置入車縫固定，織帶兩側也各車縫一道線固定。

11 將 B5 於中心點下 3cm 處，做寬度 24×1cm 的一字口袋記號。再於中心向下 7cm 處先取 4×4cm 洋裁襯固定另一片隱形磁釦，周圍車縫一圈固定（磁性面要背向布面）。

5 依谷線折燙記號處與前袋身車縫固定，再將前口袋及前袋身表布底部疏縫固定。

6 取 F3 及 B3 前口袋袋蓋表裡布正面相對，車縫 U 形部分。翻回正面整燙並壓線 0.5cm。

7 將前口袋袋蓋正面朝上以珠針固定於表布中心下 6.5cm 處，車縫裡布高度突出部分固定於前袋身表布。

8 將袋蓋往上翻摺，袋蓋壓線 0.5cm 固定。

前口袋

1 取 F2 及 B2 正面相對車縫上邊，弧度處剪牙口後翻回正面，臨邊壓線。

製作表袋身

1.5cm

2 將磁釦公釦固定於前口袋表布中心下 1.5cm 處。

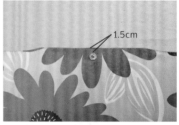

3 依山谷線記號，從裡布面整燙好，於正面山線部分壓裝飾線。

4 將前口袋兩側與 F1-1 前袋身表布底部對齊後，疏縫兩側。

裡袋身

19 取 F5 側身擋布 2 片，正面相對車縫上下兩邊，翻回正面後上下邊壓線，再依山谷線記號壓裝飾線固定，共製作兩組。

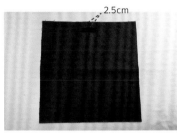

20 取魔鬼氈毛面置於 B6 筆電擋布正面中心點下方 2.5cm 處位置，橫向車縫。

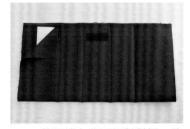

21 筆電擋布背面相對對摺，將減壓棉對齊布片中心線以強力夾固定棉的周圍，以間隔壓線固定。

22 取 45cm 長的織帶對摺熨燙，再將筆電擋布上方包邊，車縫 0.2cm。

表袋身

16 先將 B7 袋底表布取側邊中央記號點，F4 側身表布 2 片也於底部中央做好記號點。

17 依序將 F1-1 前袋身表布（前口袋）及 F1-2 後袋身表布（一字口袋）分別與 B7 袋底表布正面相對車縫，翻回正面後縫份倒向袋底，壓線固定。

18 取一片 F4 側身表布，底部中心點與 B7 袋底中心點對齊，上方記號點對齊至尖點的縫止點記號後，無缺口的一邊與 F1-1 前袋身表布車縫至側身縫止點記號處，另一側亦同。

12 B5 對齊 F1-2 中心下 3cm 處，依記號車縫一圈，於車縫線內剪雙頭丫字開口。

13 將 B5 翻入後袋身表布，裡布由開口向上摺 1cm 並整燙好後，先車縫下方凵形部分。

14 將步驟 12 車縫的口袋上方中心拆線 2.5cm，將步驟 10 的織帶塞入。

15 口袋布對摺，一字口袋正面上方壓線（順帶固定織帶），口袋布兩側車縫（勿車到表布），即完成一字口袋。

🎋 袋身組合

31 取 75cm 雙頭拉鍊,單邊的正反面皆貼上水溶性雙面膠備用。

32 將步驟 18 及 30 完成的表裡布正面相對,中心點對齊,夾車拉鍊至縫止點。

33 將拉鍊兩端尾端直角轉彎處剪牙口,熨燙好直角。

34 步驟 33 翻回正面,由正面壓線至兩邊拉鍊尾端直角部分,兩側擋布不與側身表裡布重疊壓線。

35 將拉鍊與表布車縫的另一側貼上水溶性膠帶,和後袋身表布正面中心點對齊車縫一圈固定。

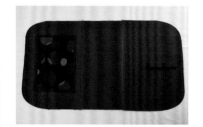

27 將 B1-1 及 B1-2 前後袋身裡布分別與 B8 袋底裡布車縫,翻回正面縫份朝袋底,壓裝飾線固定。

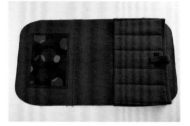

28 先將步驟 23 完成的筆電擋布兩側,疏縫固定於前袋身裡布與袋底車縫接合點往下 1cm 處。

29 同步驟 18,將 B4 兩邊裡布側身與袋身裡布車縫。

30 取側身擋布,兩條壓線那一面與裡袋身相對,置於側身拉鍊縫止點上 2cm 往上疏縫固定,另一側亦同。

23 將兩側各折山線壓線 0.2cm 固定,織帶部分不必壓線。

24 將 25cm 織帶對摺後,取魔鬼氈的刺面車縫於織帶中心往上 1cm 處。再固定於前袋身裡布中心位置。

25 取網狀布一片,先以人字帶將網狀布滾邊。

26 將滾邊完成的網狀布固定於 B1-2 後袋身裡布。

40 取 F6 拉鍊裝飾片寬度四等分，對摺兩次後，兩邊長邊壓線。

36 將側身擋布另一邊，固定於後袋身表布與袋底接縫點往上 3cm 處。

41 穿過拉鍊頭後以銅釦固定。

37 將另一邊拉鍊先保留中間約 20cm 做為返口，其餘貼上膠帶固定，與袋身裡布由袋底至兩側車縫固定。

42 以鉚釘釘上提把後完成。

38 將袋身翻回正面，並將返口部分拉鍊貼好水溶性膠帶與袋身裡布固定。

39 由裡布面整燙，拉鍊正面壓線（順帶固定返口）。

看著繽紛夢幻的布料花樣配色，彷彿跟隨活潑甜美的愛麗絲進入童話故事般，擁有了單純美好的心境。
包款圓弧形的袋底設計，使外觀更為可愛，製作時也更具挑戰性。

夢遊仙境 手提包

製作示範／高湘羚　編輯／Forig　成品攝影／詹建華
完成尺寸／寬 35cm× 高 30cm× 底寬 10cm
難易度／

38

Materials 紙型 A 面

用布量：表布 3 尺、裡布 3 尺。

裁布

部位名稱	尺寸	數量
表布		
袋身	紙型	2 片（厚布襯）
袋底	紙型	1 片（厚布襯）
織帶包布	7.5×90cm	2 片
表前口袋	28×34cm	1 片（薄布襯）
表後口袋	20×34cm	1 片（薄布襯）
拉鍊檔布	3×5cm	2 片
包繩布	3×100cm	1 片（斜布條）
裡布		
袋身	紙型	2 片（薄布襯）
袋底	紙型	1 片（薄布襯）
拉鍊口袋	24×40cm	1 片（薄布襯）
貼式口袋	30×30cm	1 片（薄布襯）
拉鍊檔布	3×5cm	2 片
滾邊布	4×100cm	1 片（斜布條）

※ 以上紙型未含縫份、數字尺寸已含縫份。

其它配件：
65cm 雙頭拉鍊 1 條、20cm 拉鍊 1 條、2.5cm 織帶 6 尺、
棉繩 4 尺、1cm 鬆緊帶 20cm 長。

Profile

高湘羚
從小就喜歡縫縫補補，拼拼湊湊，做
出好看的手作品，尤其是可愛又實用
的東西，更是讓我愛不釋手。
喜歡分享的我，更喜歡讓身邊的人都
能夠享受手作的喜悅。
現任家家湘布工坊才藝老師。

家家湘布工坊
住址：新北市蘆洲區中正路 156 號
（公車站名－中原公寓
捷運蘆洲線－三民高中）
電話：(02)22833526

How To Make

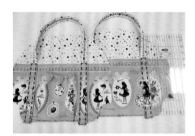

9 壓織帶臨邊 0.5cm，車縫 20cm 長的ㄇ字型，完成前後袋身。

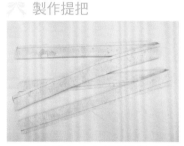

5 表前、後口袋分別對齊疏縫於袋身上。

※ 製作前／後口袋

1 取表前、後口袋對折，上方（折雙處）壓線 1.5cm 固定。

※ 製作袋底

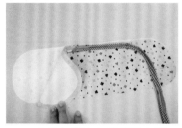

10 先取包繩布包覆棉繩夾車。將表、裡袋底背面相對疏縫一圈。

※ 製作提把

6 取織帶包布正面相對車縫 0.7cm，用返裡針翻回正面。

2 前口袋上方壓線處穿入 20cm 鬆緊帶，兩端車縫固定。
◎後口袋不用穿入鬆緊帶。

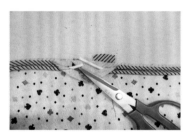

11 再把包覆好的棉繩疏縫於袋底周圍。結尾處的棉繩兩端手縫固定。

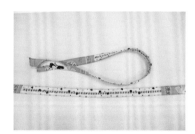

7 將 90cm 織帶穿入，兩側壓線 0.1cm 固定，中間可車縫上喜歡的花樣。

3 表前口袋下方由外向內 4cm 及 8cm 處做出打摺記號。

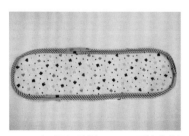

12 包繩布重疊 2cm，尾端內折收尾。

8 織帶依紙型記號位置擺放於袋身上。

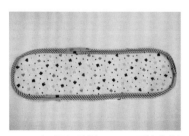

4 將記號點對齊，摺子向外倒並疏縫。

40

21 翻回正面,將表、裡袋身底下的布先對齊疏縫一圈。

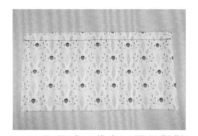

17 取貼式口袋布正面相對對折,三邊車合,下方留返口,翻回正面,上方壓線1.5cm 固定。

13 在裡拉鍊口袋布上,畫出20.5×1cm 的方形,並與裡袋身上方中心往下 5cm 處正面相對,車縫方形框一圈。

22 袋身底部與袋底正面相對,對合好後車縫固定。

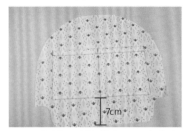

18 取另一片裡袋身,下方往上7cm 處車縫貼式口袋。

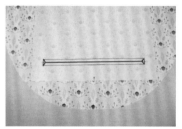

14 框內 0.5cm 畫直線,並在兩端畫出 Y 字型,沿畫線剪開。

23 再用滾邊布包車縫份收尾。

組合袋身

19 取表、裡拉鍊檔布夾車65cm 拉鍊兩端,再翻回正面壓線。

15 將拉鍊口袋布翻至背面整燙,取 20cm 拉鍊置入,沿邊車縫 0.1cm 固定於開口。

24 翻回正面即完成。

20 前表、裡袋身夾車 65cm 拉鍊一邊,另一邊由後表、裡袋身夾車。

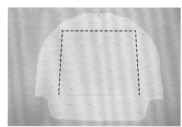

16 翻到背面,將拉鍊口袋對折,三邊車縫。

小清新扇貝包

扇形袋面與蓬蓬隆起的底褶，如貝殼優美的線條，有著害羞般的閉合式拉鍊開口。美麗的側身曲線，繫上腰帶與蝴蝶結，彷彿是一件優雅的蓬裙，更增添迷人的氣質風采。耍小心機的隱藏式口袋，方便取放隨身小物，手提、側背都靚麗，教人怎能不愛上她呢？

示範、文／紅豆 編輯／Vivi 攝影／詹建華

完成尺寸／最寬處：30cm　下寬：20cm　袋底寬：9cm　高：22.5cm（不含提把）

難易度／ㄨㄨㄨ

Materials 紙型 B 面

用布量
表布：素色貓抓布約 1 尺、棉麻圖案布約 1 尺
裡布：肯尼布約 1~1.5 尺（視內口袋多寡）

裁布與燙襯
※1. 本次示範作品的表布 (貓抓布) 與裡布 (肯尼布) 不燙襯。若使用其它素材，請斟酌調整。
※2. 版型為實版，縫份請外加。數字尺寸已內含縫份 0.7cm，後方數字為直布紋。

部位名稱	尺寸	數量	燙襯
表布			
素色布 (貓抓布)			
表袋身上貼邊	版型 A	2	
表袋底	版型 D	1	
圖案布 (棉麻布)			
表袋身	版型 B	2	(厚布襯依標示位置 + 洋裁襯)
表袋身口袋布	版型 E	2	
裡布：肯尼布			
裡袋身	版型 C	2	
裡袋底	版型 D	1	
底板夾層布	17×10.5cm	1	
底板布	20.5×18cm	1	
內口袋	依喜好製作		
薄的合成皮條 (厚度約 0.8mm)			
斜布條出芽布	2.5×90cm	2	
耳布	2.5×3cm	2	

其它配件：
短提把 1 組、側背帶 1 條、5V / 46cm 雙頭拉鍊 1 條、3mm 塑膠條約 6 尺、
PE 板 (18.5×8cm)、1.3cmD 環 2 個、裝飾蝴蝶結與磁釦 1 組、腳釘 4 顆

Profile

紅豆 · 林敬惠
師承一個小袋子工作室－李依宸老師，從基礎到包款打版，注重細節與實作應用，
開啟了手作包創作的任意門。愛玩手作，恣意揮灑著一份熱情與天馬行空的創意，
著迷於完成作品時的那一份感動，樂此不疲！
2013 年起，不定期受邀為 Cotton Life 玩布生活雜誌設計主題作品與示範教學。
紅豆私房手作 http://redbean5858.pixnet.net/blog

9 接著車縫表上貼邊的口袋布 (E-1) 裝飾線。(翻到背面會比較好車喔！)

10 將二片口袋布正面相對，車縫 U 形邊，完成隱藏式口袋。

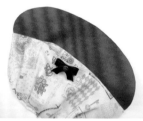

11 在袋口中心安裝蝴蝶結裝飾片與磁釦，即完成後表袋身。（※(E-1) 口袋布只有單層較薄，安裝磁釦時可在後方加墊一塊厚布或棉加強。）

5 取一口袋布 (E-1) 與表上貼邊 (A) 中心點相對，正面相對沿邊車縫相接。（因為有弧度，兩端會微微翹起是正常的。）

6 再取另一片口袋布 (E-2) 與表袋身 (B) 中心點相對，正面相對 (如強力夾處) 沿邊車縫相接。

7 將完成步驟 5、6 的表上貼邊與表袋身，對齊中心點正面相對，並將二片口袋布 (E-1、E-2) 往外拉出，從左右兩側開始接合，車縫至口袋布內 0.7cm 的位置止縫。(※ 止點請來回車縫加強固定)

8 將袋口整理後，縫份倒向兩側，沿表袋身上緣車縫裝飾線。(※ 請將連接表上貼邊的口袋布 (E-1) 往上拉出，不要車到了唷！)

🎀 燙襯

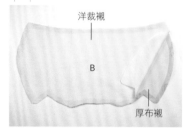

洋裁襯

B

厚布襯

1 表袋身 (B) 請依版型標示位置先貼燙厚布襯，再燙洋裁襯。

🎀 製作表袋身

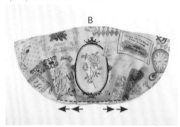

2 表袋身 (B)，褶子依記號處疏縫固定。共完成二片。

3 取一片表袋身上貼邊 (A) 與表袋身 (B) 正面相對車縫相接，如強力夾處。（※ 表袋身 (B) 底褶有拋份，請放慢速度順車吃針接合。）

4 縫份倒向表袋身，沿邊車縫裝飾線，即完成前表袋身。

44

剪圓角

剪圓角

20 1. 底板布短邊對折 (正面相對) 車縫長邊,將接合線置中,接著車縫其中一側邊。
2. 接著翻回正面,塞入 PE 板 (四端剪圓角) ,再將開口處縫份內折並以藏針縫接合。

製作裡袋

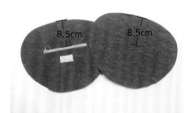

8.5cm　　8.5cm

21 依個人喜好製作內口袋。(※ 距袋口約 8.5cm 上方區域請盡量避開,以免受提把釘釦所影響。)

組合袋身

拉鍊止點　　　　拉鍊止點

返口　　返口

22 分別在表、裡袋身與側身的上、下中心點 (拉鍊與袋底中心) 做記號;表袋身與裡袋身並做出拉鍊止點與袋底約 12cm 的返口記號位置。

16 出芽條連接:將出芽條尾端包覆於起始的拗折內,將多餘的塑膠條剪掉,(尾端與起始點的出芽布重疊約 1cm 即可,其餘剪掉) 即完成出芽。另一片袋身亦同,共完成二片。

製作側身與袋底

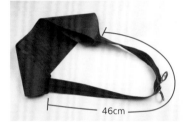

46cm

17 拉鍊取 46cm 並在兩端做上記號,於兩側記號位置處夾車表袋底與裡袋底。形成一個圈。

18 袋底布與拉鍊相接處壓縫裝飾線,並將袋底表布與裡布沿邊疏縫固定。

19 將底板夾層布長邊對折 (正面相對) 車縫,翻回正面將車縫線置於後方中心位置,於左右兩側沿邊車縫裝飾線,再疏縫固定於裡袋底中央。

3cm

12 取 D 環耳布,兩側往中心摺入,再於正面兩側沿邊車縫裝飾線。共完成 2 個。

13 將 D 環套入耳布中,分別固定於二片表袋身位置記號處。(※ 請注意是單邊同側。)

出芽滾邊

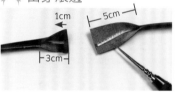

1cm　　5cm

3cm

14 取一條出芽布,前端先拗折 1cm,再將塑膠條疏縫包覆其中,起始點預留約 3cm,尾端預留約 5cm 不車縫,完成出芽條。

15 將出芽條頭尾兩端連接處,預留於袋底中心直線位置,再將出芽條疏縫於袋身。遇轉角圓弧處請剪牙口。

 裡袋應用

28 裡袋上方提把釘釦預留處，可製作一條鉤環，於安裝提把時，可順勢一併釘上，增加實用性。

25 由返口翻回正面後，重複步驟 23~24 完成另一側袋身。並將 2 個返口以藏針縫縫合。

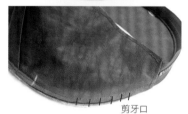

剪牙口

23 取一片表袋身與側身，分別與中心點和拉鍊止點位置相對，沿袋身疏縫一圈固定，轉彎圓弧處請剪牙口。(※ 返口記號處請車縫實際線)。

🎀 安裝腳釘和提把

26 依記號點位置安裝腳釘。

返口不車　　　縫份修小

24 再取一片裡布與步驟 23 夾車固定，返口處不車縫。由返口翻回正面前，先將縫份修小。(※ 拉鍊布不要剪)

27 將提把安裝於袋身適當對應位置，會剛好巧妙擋住 D 環，再置入底板就完成囉！

蘿莉甜心包

運用獨特的拼布手法，製作出與眾不同的愛心，斜刷的效果加上大膽搶眼的紅黑配色，是一款別具個性、適合蘿莉風格的甜美手作包！

製作示範／賴淑君　編輯／Joe　成品攝影／詹建華

完成尺寸／寬 32cm× 高 25cm× 底寬 14cm

難易度／✂ ✂ ✂ ✂

Materials 紙型 Ⓑ 面

用布量：
外袋身（圖案布 1 尺、配色布 1 尺）
愛心斜刷布（黑 1/2 尺、灰 1 尺、橘 1/4 尺）
內袋（細帆布 2 尺）

裁布

部位名稱	尺寸 (長 X 寬)	數量	備註
袋身			
（A）袋身	依紙型	表 ×2、裡 ×2	表布燙厚硬襯 + 厚布襯
（B）袋身下方長條	依紙型	表 ×2、裡 ×2	表布燙厚硬襯 + 厚布襯
（C）袋底	依紙型	表 ×1、裡 ×1	表布燙厚硬襯 + 厚布襯
拉鍊尾端口布	20×3cm	表 ×2、裡 ×2	表布燙厚布襯
內袋貼式口袋布	30×33.5cm	裡 ×1	
一字型口袋布	25×30cm	裡 ×1	

愛心尺寸①～⑥

① 橘色布（底層）	15×15cm	1 片	底層不刷
黑色布	依紙型	2 片	
② 灰色布	依紙型	2 片	
③ 黑色布（底層）	依紙型	1 片	
橘色布	依紙型	2 片	
④ 橘色布（底層）	13×13cm	1 片	底層不刷
黑色布	依紙型	2 片	
⑤ 灰色布	依紙型	2 片	
⑥ 橘色布（底層）	10×10cm	1 片	底層不刷
黑色布	依紙型	2 片	

※ 以上紙型已含縫份。

其它配件：
厚硬襯 1.5 尺、厚布襯 1.5 尺、45cm 拉鍊 1 條、20cm 拉鍊 2 條、提把 1 條、
2cm 人字型織帶 4 尺。

Profile

賴淑君
· 日本文化服裝女子大學服裝設計系畢業
· 日本生涯學習協議會 JLL 機縫拼布 3A 講師
· 曾任服裝設計師 12 年、機縫拼布逾 17 年教學經驗
· 目前任臺灣拼布網機縫拼布講師
· 作品入選 2009 年臺灣國際拼布大展
· 作品入選 2016 年 AQS Grand Rapids Quilt Contest

臺灣拼布網
台北市南港區忠孝東路六段 230 號
（02）2654-8287
網站 www.quiltwork.com.tw
臉書 www.facebook.com/quiltwork

How To Make

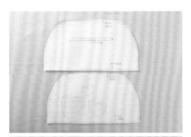

9 再用厚布襯蓋上步驟 8 的背面整燙，厚布襯請勿噴水或開蒸汽熨燙，整燙好後請依紙型定規，縫份寬度請照紙型標記。

10 依紙型裁下表布（需有以上片數）。

11 剪灰色的布料三片尺寸如下：18×18cm、16×16cm、12×12cm，將灰色布與表布正面對正面，在表布後面沿著愛心邊緣車縫（縫份0.7cm）。

5 沿著 45 度車縫線用剪刀或斜刷刀裁剪開來，成一道道斜條紋。

6 再用鋼刷刷出起毛的效果。

7 完成大、中、小三種愛心。

8 依紙型裁切厚硬襯，膠面朝上燙在表布背面，先不定規剪布。（愛心方向要反向）

1 準備愛心尺寸①~③，及橘色底層布 15×15cm。

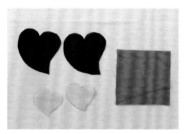

2 準備愛心尺寸④~⑤，及橘色底層布 13×13cm。

3 準備愛心尺寸⑥，及橘色底層布 10×10cm。

4 以愛心尺寸⑥為例。將底層橘色布和愛心黑色布疊在一起，注意直布紋和橫布紋方向要垂直，並且須以 45 度方向車縫，針距 1.8，間隔 0.5cm。

19 將內外袋合併，車上裝飾線一圈。

20 將袋底下方長條布表裡兩片接合。

21 再將接合好的長條布車縫固定於袋身下方。

15 準備一片貼式口袋布 30×33.5cm，裡袋另一面製作貼式口袋。

16 裁下拉鍊尾端口布後，將表、裡布與袋口 45cm 拉鍊夾車。

17 在後表袋身依喜好車縫拉鍊，將袋口拉鍊與袋身表布正面相對，沿邊車縫固定。

18 再將前表袋身車合。

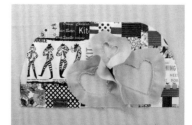

12 將心型部份挖洞後，打牙口。燙平後並將布邊疏縫。

13 翻到正面，將完成的愛心車縫固定於表布上。

🎀 製作袋身

14 裁剪下一片拉鍊口袋布 25×30cm，準備 20cm 拉鍊，如圖於裡袋製作一字型口袋。

22 裁剪袋底兩片，正面相對後
車合一圈。

23 將袋底車縫固定於袋身，並
用人字織帶包邊。

24 將皮製提把依紙型位置手縫
固定於袋身。

25 完成作品。

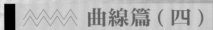
基礎打版入門之 圓弧底袋身＋側身版型

解說文／凌婉芬　編輯／Forig　成品攝影／林宗億

示範尺寸／寬 30cm× 高 36cm× 底寬 10cm（肩背包）

寬 21cm× 高 16cm× 底寬 4cm（拉鍊包）

難易度／＊＊＊

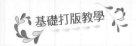
圓弧底袋身＋側身版型也是圓弧的入門基本包款。想要設計更多元風格的包款，除了在尺寸上變化之外，袋身底也是一種設計的來源之一，側身的變化更可以為設計帶來不同的視覺效果，在使用上可以增加寬度或厚度，讓我們的包款設計更豐富。

 一 　圓弧底兩片袋身＋側身版型包款介紹

曲線基本款中袋身與側身分開的包款之一，這也是非常多種包款愛用的版型，延伸出來的變化有更多。例如：側身同一片或側身與底部分開，雖然整體是一樣的包款，但在使用上，分開的版型會更堅固；再則，側身可以變化成梯型，容量會變大變寬；或是製作摺子可以讓整體變可愛等等。這種版型的運用更加多元，熟悉這樣的版型之後，可以設計出更多風格的作品。

變化款（側背型手提袋）

像這樣的變化款，也是一樣的版型，僅只是尺寸不同；但請記得，尺寸放大縮小，並不是直接拿去影印機縮放，當然這樣做是最快的方法，但有可能不是我們想要的尺寸或者呈現出來的樣子不是我們要的。建議熟悉此打版方法之後，最好是重新計算，結果才會是比較令人滿意的作品喔！

這個變化款是後袋身片連接袋蓋，並在袋身作摺子的運用。

Profile

凌婉芬

原從事廣告行銷企劃工作，土木工程畢業。在一次因緣際會下接觸拼布畫與拼布包，便一頭栽進布的世界裡。由於包包創作實在太有趣，因此開始研究各種包款的版型，進而創立一套比較有系統的版型規劃方式。目前從事網路教學，舉凡包包製作、版型規畫、手工書、拼貼、手工皮件等均為教學範圍。

著作：袋你輕鬆打版‧快樂作包

布同凡饗的手作花園
http://mia1208.pixnet.net/blog
email：joyce12088@gmail.com

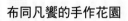

變化款尺寸：
寬 27cm× 高 20cm× 底寬 6cm
→ 來看看怎麼畫基本型的打版。

請參見Cotton Life 玩布生活No.21－曲線打版工具。

 製版方法 //

製圖順序

（1）可先畫出包包的草圖（或使用已知圖片）

（2）決定包的尺寸

（3）畫出袋身版，決定圓弧尺寸

（4）計算側身的尺寸

例如：

畫好一草圖（或圖片）

決定包的尺寸

〈延用曲線三的尺寸作範例〉

高度：36cm，寬度：30cm，厚度：10cm（袋底的寬度）

→ 畫出袋身版

依照上面的尺寸：高度＝ 36cm，寬度＝ 30cm

→ 先畫一方框

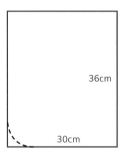

→ 定底圓弧大小

→ 底圓弧大小的決定可依照想要的底是方一點還是圓一點來作決定。（請參照第一回的算法）

→ 36/5cm 約為 7.2cm 可取整數 =8cm（也是比較方一點的圓弧）

→ 如果想要包底圓較大就可以不需按照這個算法，但也要讓包看起來是合比例的。

重畫如下 ↓

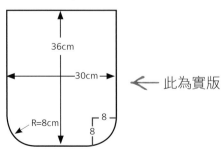

※ 最後計算出正確的袋身周長：

（1）r＝8cm、因此一邊的弧線長度＝ 1/4×2×3.1416×8＝12.6cm

（2）整個袋身周長＝ 2（32+12.6+7）＝ 103.2cm

（3）故而側身尺寸＝ 10×103.2cm（寬 × 長）

→ 這樣的側身版如果只使用一片，可以只做計算不畫版，

但需要詳細記下尺寸，否則很容易裁錯尺寸。

示範製圖 10×103.2cm

103.2cm
10cm

← 此為實版

由於是一個長方形，而且很長，另外一種方式如下：

51.6cm	摺雙
10cm	

← 此為實版

→ 如果是這種一半的畫法，切記一定要寫上【摺雙】，否則也會很容易裁錯尺寸喔！

側身片也可以拆成兩部分（側身 + 袋底）

→ 練習一下這樣的畫法。

→ **如果是梯型的袋身呢？整個包款會變成怎樣？試試看，這樣設計的自由度會更大！**

※ 這個方法同樣也適用於拉鍊小包

範例包款：

例如：

開口端想上一條 20cm 拉鍊，長度按照比例算法就約為 16cm。

習題→ 想想看圓弧底跟側身應該怎麼定呢？

四　問題思考

1. 這樣的袋身可以畫梯型的嗎？

2. 梯型側身呢？又該怎麼算？

3. 底的曲線隨便畫會怎麼樣？

※ 曲線入門共四單元就到此，也不難，記得練習很重要喔！
大部份的圓弧曲線脫離不了這四種基本型態，只要練習熟了，再加以應用，就可以變化出各式各樣的包款囉！

NEXT 圓弧打版應用篇（一）

鑫韋布莊
—SING WAY—

內部近拍

玩布創意

漫遊•北歐小鎮

CF590059　3尺9寬

① 幸福保溫提包
小巧可愛的保溫提包,讓出門在外的你,充滿幸福與溫暖。

② 日式造型提把手提包
木質的造型提把搭配自然簡約的包型,打造純樸的日式風格。

③ 活力跳色托特包
以鮮豔的色彩相互搭配,創造青春洋溢的活力感。

悠閒的小鎮村莊,散發出濃厚的北歐氣息,遊走在大街的小人物們,正享受著假日愜意的歡樂時光,為自己寫下多采多姿的生活日記,整體以手繪筆觸的描繪手法來詮釋,營造出自然率性的獨創風格。

混搭風專題

布料 Mix 素材包款

運用各種材料與布料搭配，創作出別具設計感的作品。

浪漫花語手拿包

像繁花盛開的亮麗意象，落在袋身上成為十足精緻的立體風情。
巧思塑形的包繩袋口與側身拉鍊口袋相互呼應，挺立有型的姿態，既浪漫也瀟灑。

示範、文／李依宸　編輯／Vivi　攝影／蕭維剛
完成尺寸／高21×寬36×側身寬16cm
難易度／❀❀❀❀

Materials 紙型 Ⓑ 面

用布量：8號帆布1.5尺、配色布1.5尺、洋裁襯2碼、厚布襯1尺

裁布：（紙型已含0.7cm縫份）

表布
表袋身	依紙型	2 片（洋裁襯）
後表口袋	依紙型	1 片
表袋底	33.5×15.5cm	1 片（洋裁襯）

配色布
側身	依紙型	2 片（厚布襯不含縫份）
貼邊	依紙型	2 片（洋裁襯）
	袋口 3×39 cm	2 條（斜布）
包繩布	側身 3×63 cm	4 條（斜布）
	包繩擋布 3.5~5×5cm	4 片
後口袋滾邊布	4.5×35 cm	1 條（斜布）
拉鍊頭尾布	3.5×29.5cm	2 片（表布 ×2／裡布 ×2）

裡布
裡袋身	33.5×22cm	2 片（洋裁襯）
裡側身	依紙型	6 片（厚布襯不含縫份）
滾邊布	4.5×65cm	2 條（斜布）
口袋自由設計	自訂	自訂

其他配件：35cm2條、織帶3.8cm寬（持手38cm×2條+前絆長45cm）、蕾絲4尺、棉繩11尺、珠珠約15個、撞釘磁釦1組、5mm鉚釘2組、8mm鉚釘4組、花朵蕾絲12朵、透明膠片28×42cm1片

Profile

李依宸

台南女子技術學院 服裝設計系畢
日本手藝普及協會 手縫講師
臺灣喜佳專業機縫師資班第一屆機縫講師
曾任臺灣喜佳北區才藝中心主任、經銷業務副理。
服裝設計打版師經歷 5 年、拼布教學經驗 20 年。
2008 年成立「一個小袋子工作室」至今。
著有：《玩包主義：時尚魔法 Fun 手作》

一個小袋子工作室
北市基隆路二段 77 號 4 樓之 6
02 -27322636
Facebook 搜尋：「一個小袋子工作室」

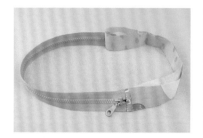

7 側身拉鍊先車好頭尾布。

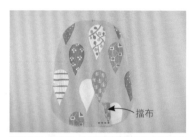

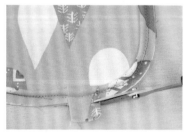

8 表側身先疏縫上包繩擋布，車縫包繩在擋布中央開始及結束。

擋布

9 包繩擋布包覆頭尾交接處車縫固定後，剪掉多餘布料。

10 表側身再車上步驟 7 的拉鍊一側（正面相對）。

4 前表袋身運用蕾絲、花朵與珠珠依喜好排列。

5 裡袋身口袋自由設計，再與貼邊正面相對縫合。

6 翻回正面，縫份倒向貼邊，臨邊車裝飾線。

疏縫兩端

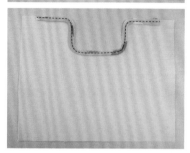

1 前 / 後表袋身的袋口處車上包繩。

2 後表口袋袋口滾邊。

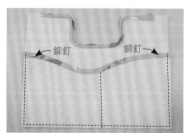

鉚釘　　　鉚釘

3 將後表口袋固定在後袋身，口袋兩側釘上 5mm 鉚釘加強。以喜好車縫口袋分隔線。

❀ 製作提把

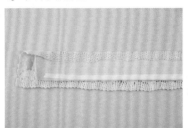

18 以水溶性雙面膠將蕾絲貼在提把織帶上，兩端疏縫固定。

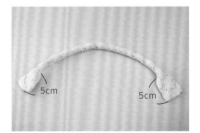

19 頭尾留 5cm 不車，其餘對折車縫。

20 表袋底兩側與前後表袋身組合。

14 裡側身正面（有口袋處）再與表側身另一側拉鍊背面（步驟12）對齊車合。共製作兩組側身袋蓋，注意拉鍊頭方向需對稱。

❀ 製作釦絆

15 織帶頭尾接合。

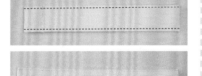

16 疊合後車縫兩側固定。一端釘上撞釘磁釦蓋（往上 1.5cm 處為撞釘中心點）。

17 縫上花朵蕾絲做裝飾。

11 袋蓋裡側身與表側身正面相對，車縫一圈下方留返口。

12 翻回正面，返口藏針縫，另一側拉鍊再車上包繩。

13 取 1 片裡側身自由設計口袋。2 片裡側身一組背面相對，車縫一圈固定。

28 袋口下 5cm 處車縫上釦絆。

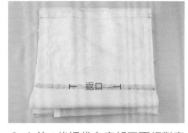

24 前/後裡袋身底部正面相對車合，需留一段 20cm 返口。

21 表袋身袋口正面相對，車縫固定兩端無包繩處，縫份攤開。

29 從裡袋身返口放入透明膠片，在釦絆對應處的袋身釘上撞釘磁釦座。藏針縫縫合返口。

25 翻回表裡袋身背面相對，兩側對齊疏縫一圈固定。

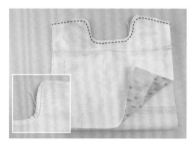

22 取一片裡袋身，貼邊袋口與一側表袋口正面相對組合，弧度凹處剪牙口。

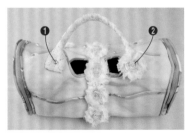

30 ❶ 以 8mm 鉚釘先將提把縫在適當位置，❷ 再縫上花朵蕾絲裝飾。

26 裡袋身兩邊先車上一側滾邊布。

31 完成。

27 步驟 14 的表側身與表袋身正面相對組合，裡袋身的縫份用另一側滾邊布包覆固定。

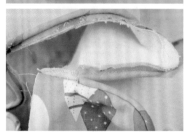

23 翻回正面。另一側作法相同。

春絮飛舞手提包

在和煦的春天，脫去冬天的慵懶氛圍，為自己種一盆美麗的植物吧！
將這樣的心情體現出來，應用網紗、毛線和不同大小顏色的釦子，
在手提包上創意拼貼出植物盆栽，就只專屬於自己！

製作示範／林素伶　編輯／Joe　成品攝影／詹建華
完成尺寸／寬 25cm× 高 22cm× 底寬 11cm
難易度／❀❀❀❀❀

Materials 紙型 C 面

外袋

磚塊布前後片（有紙型）	26×58cm	1片
前後花瓶布表裡（有紙型）	11×15（表）11×17（裡）cm	各2片
網紗、毛線、釦子	各少許	
側身袋底布（有紙型）	75×15cm（紙型合併）	1片
拉鍊口布	5×24cm	2片
拉鍊二端包布	8×15cm	1片
包皮繩斜布	3×75cm	2片
滾邊斜布	4×70cm	1片
提帶布	7×40cm	2片

內裡

袋身（有紙型）	26×28cm	2片
中間隔層	35×27cm	1片
拉鍊口袋	23×35cm	1片
開放式口袋	30×26cm	1片
拉鍊口布	5×25cm	2片
側身袋底布（有紙型）	75×17cm	1片

其他配件：拉鍊18cm＆25cm各一條、薄襯120×110cm、鋪棉30×62cm×1片＆75×18cm×1片、PE版8×20cm×1片、織帶2.5×36cm×2條、皮繩150cm。

Profile

林素伶

日本余暇文化振興會機縫講師

蘋果布工坊

台中市富貴街 42 號

04-23603625

Tw.myblue.yahoo.com/apple_onlyone

How To Make

8 取少許網紗裝飾,使用透明線將前後二片網紗固定完成。

〈前片〉

〈後片〉

9 將前後片縫上裝飾釦。

10 將包皮繩斜布包住皮繩車縫固定,再車縫固定於前後片表布。

5 將毛線置放喜歡的位置。

6 用自由曲線的方式以透明線車縫閃電型固定,毛線固定完成後,固定花瓶口袋(密針或毛邊縫)。

7 前後表布二片花瓶固定完成。

❀ 製作表布

1 前後片表布與側身表布,燙薄襯、鋪棉、棉後再燙襯共四層,開始壓線。壓線完成後,依紙型裁齊。

2 將口袋表布與裡布各兩片,燙薄襯,依紙型剪下。

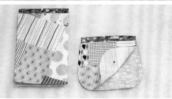

3 表、裡布正面對正面車縫固定。翻回正面,下方對齊燙平。

4 將花瓶口袋置放喜歡的位置。

19 燙平整後放入拉鍊,四邊車縫固定,再將口袋布對摺封口,不車到袋身。

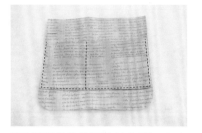

15 燙平後車縫固定於內裡,車上分隔線。

11 前後片與側身組合。

20 完成前後片的開放口袋及拉鍊口袋。

16 距上方 6cm 處畫出 20cm 拉鍊位置圖。

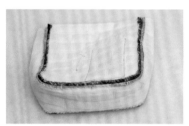

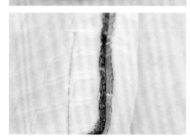

12 組合處撥開捲針縫,會使包較挺。

17 方格高 1cm,再於 0.5cm 處畫一中線、二側畫 Y 字型。再將方形四邊車縫。

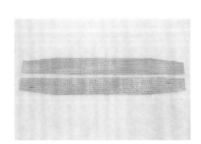

21 中間分隔層燙薄襯對折,依紙型剪下。

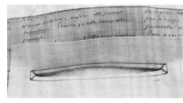

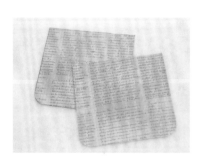

13 裡燙薄襯,依紙型裁齊二片。

18 將中線及 Y 字型剪開(Y 字型處剪越邊翻至正面會越平整),拉鍊口袋布由剪開洞口塞入。

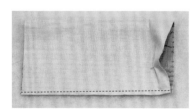

22 側身袋底燙薄襯依紙型剪下。

14 內口袋燙薄襯,上下對折車縫固定。

31　縫合另一側包邊。

32　提帶對折車縫，中間留返口，燙開縫份。再將二端畫弧形，車縫封口。

33　翻回正面，由返口穿入織帶，周圍車縫一圈固定。

34　中段對折車縫固定，完成提帶。

35　最後將提帶固定於袋身（間距 8cm），完成作品。

27　表裡各一片與拉鍊夾車，翻回正面燙平，車一道固定線。同方法車縫另一側。

28　拉鍊二端包布對折車縫，燙開縫份，二端車縫封口。

29　裁成兩半，翻回正面，往內折入 1cm。

30　套入拉鍊二端，車縫固定。再將完成的拉鍊口布車縫固定於袋口。

23　將分隔層夾車於二片側身中。再將前後片與側身組合，完成內袋。

24　外袋與內袋底部手縫數針固定，放入 PE 板。

25　翻回正面，上緣車縫固定一圈，車上一側包邊。

❀ 製作拉鍊口布與提帶

26　將拉鍊口布 4 片左右皆往內折燙 1cm。

自然系雅緻水桶包

運用蕾絲和苧麻線的素材與棉布組合製作，結合出典雅細緻的風格，柔和舒適的配色，讓人打從心底著迷。以自然的大地色系編織為基底，搭配上米色的素布，彷彿在豐沃的土地上生長出一株含苞待放的花朵。

製作示範／黃碧燕　編輯／Forig　成品攝影／林宗億

完成尺寸／寬（底直徑）20cm × 高 28cm

難易度／❀❀❀❀❀

Materials 紙型 C 面

用布量：表布1.5尺、裡布1.5尺、棉襯1.5尺、厚布襯1.5尺、薄布襯
1.5尺、輕挺襯1尺、台製苧麻線兩捲。

裁布：

表袋身	紙型	2片（燙含縫份厚布襯）
裡袋身	紙型	2片（燙含縫份薄布襯）
裡袋底	紙型	1片
		（先燙無縫份的輕挺襯，再燙含縫份的厚襯）
斜布條	4×67.5cm	1條
內口袋	依個人需求尺寸裁剪	

其他配件：側邊真皮片2片、2cm D型環2個、100cm棉繩、蕾絲花
邊片適量、皮飾標1個、15mm雞眼釦12組、2cm寬織帶長150cm、
0.7cm寬蕾絲長150cm、2cm日型環1個、2cm連接鉤扣2個。

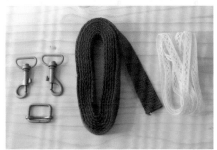

※以上紙型未含縫份，數字尺寸已含縫份。

Profile

黃碧燕（Anna Huang）

喜歡手作，喜歡拍照，喜歡寫字。
喜歡好好生活。
喜歡自己喜歡的，所有一切。
粉絲頁：https://www.facebook.com/
zakka.goodtimes/

❀ 短加針

同一針目鉤兩個短針。

共加 6 目短針,第二段變 12 目短針。

❀ 短針

鉤一鎖針。

鉤針從大洞引出線。

繞線。

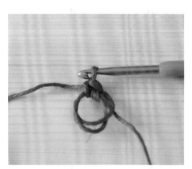

引出線,即成一短針。

鉤六短針後,引拔第一針,再將起針的大洞拉緊,即完成第一段。

❀ 編織袋底製作

材料準備: 咖啡色苧麻線 ×2 捲、七號鉤針、記號圈。

❀ 起針

手指繞線 2 圈。

鉤針穿過線,鉤出。

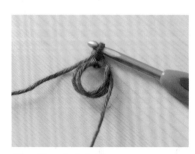

鎖一針,完成起針。

70

❀ 袋底鉤織表格

做法：圓形起針 6 針，採分散加減針方式。
每段最後一針皆需與第一針做引拔、豎立針一針，再鉤合。
X ＝短針、V ＝短加針

段數		針數
1.	圓形起針 6 針（X）	6
2.	每針加 1 針（重複 6 次）	12
3.	1X、1V（重複 6 次）	18
4.	1V、2X（重複 6 次）	24
5.	2X、1V、1X（重複 6 次）	30
6.	3X、1V、1X（重複 6 次）	36
7.	2X、1V、3X（重複 6 次）	42
8.	4X、1V、2X（重複 6 次）	48
9.	2X、1V、5X（重複 6 次）	54
10.	5X、1V、3X（重複 6 次）	60
11.	1X、1V、8X（重複 6 次）	66
12.	7X、1V、3X（重複 6 次）	72
13.	4X、1V、7X（重複 6 次）	78
14.	8X、1V、4X（重複 6 次）	84
15.	3X、1V、10X（重複 6 次）	90
16.	7X、1V、7X（重複 6 次）	96
17.	5X、1V、10X（重複 6 次）	102
18.	9X、1V、7X（重複 6 次）	108
19.	4X、1V、13X（重複 6 次）	114
20.	9X、1V、9X（重複 6 次）	120
21 ～ 39 段不加減，鉤完斷線藏線，備用。 （注意：鉤完直徑約 19cm，若太大或小於 19cm，針數需自行 　　　斟酌加減）		120

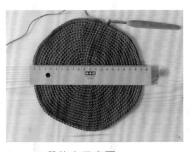

1 ～ 20 段鉤完示意圖。

21 ～ 39 段完成示意圖。

❀ 引拔

◎每一段的最後一針都需與第一針做引拔，鉤起來的袋底才不會歪，需要拉緊一些，避免針目過大，影響美觀。

每段最後一針完成，從第一針穿出。

繞線，直接鉤出。

再鉤一鎖針（豎立針）。

❀ 裡袋身製作

❀ 表袋身製作

9 翻回正面，縫份倒向袋身，壓裝飾線固定，完成裡袋身。

5 裡袋身按照自己的需求，製作內口袋備用。

1 表袋身兩片，車縫蕾絲花邊片做裝飾。

❀ 袋身組合

10 將表、裡袋身背面相對套合，疏縫袋口一圈固定。

6 接合兩端側邊，成一圓筒狀（縫份燙開）。

2 接縫兩端側邊，成一圓筒狀（縫份燙開）。

11 取斜布條短邊先接合，再與表袋身正面相對，車縫一圈。

7 袋底與袋身底部先用強力夾固定，中心取共四點記號，對合車縫一圈。

3 再與鉤織的咖啡色袋底接合，車縫一圈。◎須注意尺寸是否有吻合，因鉤織作品會因手勁強弱影響成品尺寸。

12 將布條內折包覆縫份，可用手縫或車縫固定。

8 袋底縫份剪數個牙口（間距約0.7cm左右）。

4 將袋身翻至正面，稍作整燙，縫上花片、釘上皮片裝飾。

21 背面如圖示車縫固定。

17 釦洞穿入棉繩，尾端依喜好縫上裝飾。

13 兩側邊縫上皮片。

❀ 斜背帶製作

22 另一邊套入連接鉤扣，內折車縫固定即完成。

18 將蕾絲條置中車縫在織帶上固定。

14 依紙型記號位置釘上 15mm 雞眼釦。

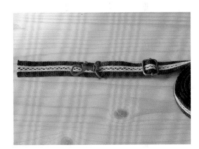

19 取一短邊先套入日型環，再套入連接鉤扣。

15 正面敲打時，注意工具需與雞眼檯座成 90 度，敲起來才不會歪斜。

20 短邊再穿過日型環。

16 共完成 12 個。

英式風休閒斜背包

英式風的童趣布花與毛線編織組合，編織的紋路讓包款呈現出不同質感，增添設計風味。
用手鉤蕾絲和毛線釦子裝飾點綴，更顯獨特性，活用不同素材作包，可以激發靈感與創造力。

製作示範／布。棉花　編輯／Forig　成品攝影／詹建華
完成尺寸／長 40cm× 寬 26cm× 底寬 14cm
難易度／✿✿✿✿✿

Materials 紙型 C 面

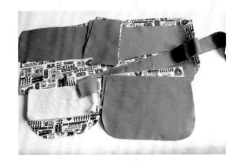

裁布：

A袋身	紙型	4片（表裡各2片）
B1包蓋上片	紙型	2片
B2包蓋中片毛線	紙型	1片
B1包蓋下片	紙型	2片
C1側身	紙型	4片（表裡各2片）
C2袋底	紙型	2片（表裡各1片）
包蓋固定布條	35×7cm	1片（不需縫份）
背帶布	93×6.5cm	2片（不需縫份）
外口袋布	紙型	2片（表裡各1片）
內口袋布	紙型	2片（表裡各1片）

◎裡布皆需燙厚襯（若裡布屬於厚款則可忽略）

其他配件：10cm皮繩1條、15.5cm手鉤蕾絲2條、36cm手鉤蕾絲1條、手鉤毛線球1顆、四合釦1組、裝飾皮片1個。

※以上紙型未含縫份。

Profile

布。棉花

因為想著究竟什麼工作可以兼顧家庭，又能小有成就感，因而發現自己對手作設計的熱愛，開始將所有精神心力都投入在手作布包與毛線娃娃的設計製作上。當對某件事物感到狂熱時，腦袋便無時無刻皆運轉著相同的東西，布棉花正是如此，所接觸所看到的，都成為了【布。棉花】的創作靈感來源。

FB：https://www.facebook.com/yami5463/info/
部落格：http://yami5463.pixnet.net/blog

How To Make

|| 翻回正面，連同 36cm 手鉤蕾絲一起車壓裝飾線。◎手鉤蕾絲編織法請參考 P77。
※ 外口袋同樣製作方式，但無手鉤蕾絲。

12 將內口袋疏縫 U 字型於裡袋身；外口袋疏縫於表袋身，完成內&外口袋。

❀ 製作側身

13 取 2 片表側身分別於表袋底兩邊正面相對車合。

14 翻回正面，縫份推向下方，連同 15.5cm 手鉤蕾絲一起車壓裝飾線。
※ 裡側身與袋底作法相同，但無手鉤蕾絲。

6 翻回正面，縫份推向上方，車縫裝飾線固定。

7 於整個包蓋車縫 U 字型裝飾線。可依喜好縫上裝飾皮片。

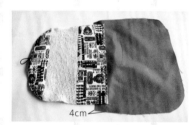

8 表袋身上方往下 4cm 處畫記號線，並將包蓋放上車縫固定。

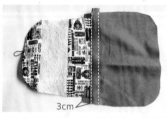

9 取 35×7cm 包蓋布條，兩長邊內折 1.5cm，置於表袋身 3cm 處車縫兩道固定。

❀ 製作內&外口袋

10 取內口袋表裡布正面相對車縫一道。

❀ 製作包蓋

1 取 2 片包蓋下片正面相對，將 10cm 皮繩對折夾車在中心點，車縫下弧形固定。

2 包蓋下片翻回正面，再與包蓋中片毛線正面相對車縫一圈。◎毛線中片編織法請參考 P77。

3 包蓋翻回正面，縫份推向下方，於包蓋下片車縫裝飾線固定。

4 取 2 片包蓋上片正面相對，車縫左右兩道。

5 縫份燙開再與包蓋中片毛線另一邊正面相對車縫。

❀ 組合袋身

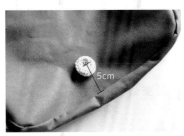

19 將 2 片背帶布兩長邊內折燙 1.5cm，背面相對壓線固定。再將背帶兩端車縫於側身中間位置。

17 手鉤一顆毛線球，適量塞入棉花，並挑外圈拉緊縫合。◎手鉤毛線球編織法請參考 P77。

15 將裡側身與裡袋身正面相對，用強力夾暫固定，再 U 字型車縫，以相同作法完成另一面。
※ 表袋身同作法完成。

20 表裡袋身背面相對套合，袋口縫份內折燙 1cm，對齊後壓線一圈完成。

18 將毛線球使用繡線縫合於外口袋底部往上 5cm 位置。

16 於外口袋中間位置打上四合釦，四合釦背面可另加上一片帆布更為耐用。

❀ 包蓋中片毛線織圖

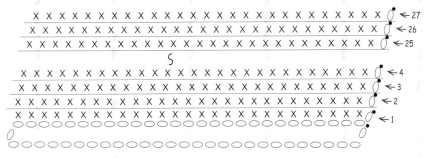

※ 環狀編織：起針 112 針鎖針
共編織 27 層 (4 號鉤針)

❀ 手鉤蕾絲織圖

※ 側身蕾絲：鎖針起針 34 針
※ 內口袋蕾絲：鎖針起針 72 針

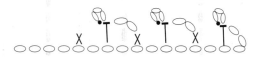

❀ 毛線球釦子織圖

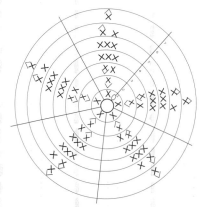

※ 輪狀編織：起針 5 針
※ 塞入適量棉花
※ 挑外圈拉緊縫合

7... 5 針
6... 10 針
5... 15 針
4... 15 針
3... 15 針
2... 10 針
1... 短針起 5 針

織一個口袋 三用托特包

經典黑白兩色的托特包，外觀縫上顏色像棒棒糖一般，具有漸層效果的織布口袋，並結合皮革的高級質感。不同素材的玩興混搭，讓你背起來不撞包，氣質又有型。

製作示範／倍華　編輯／Joe　成品攝影／詹建華

完成尺寸／寬 24cm× 高 36cm× 底寬 9cm

難易度／✿✿✿✿✿

Materials

用布量：表布約1/3碼、裡布約1/3碼

裁布：

表布（帆布）	74×32cm	1片
裡布（印花棉布）	65×31.5cm	1片
上裡布（帆布）	5×31.5cm	2片
硬布襯	18×15 cm	1片

其他配件：

皮革（進口植鞣皮革）

皮帶部分（皆為寬2cm、厚度2mm）：長140cm背帶一條、長11cm背帶扣環處、長35cm提把二條、長4cm提把內側片五片、長15cm口袋上緣邊條（寬3cm，厚度0.6mm）

五金：8mm固定釦 12組、2cm寬皮帶釦環 1個

毛線：約3mm的粗細。本示範作品為經線細、緯線粗的平織法，這樣可以凸顯緯線的材質與特色。

準備工具：

皮革工具：木槌、膠板、5mm菱斬、6mm丸斬、10mm橢圓丸斬、磨邊器、畫線器、床面處理劑、貂油、棉布、平凹斬、萬用環形台。

簡易織布工具：含工作台、梳子、梭子、分線器、針。

Profile

倍華

從羊毛氈開始瘋狂愛上手作，喜歡羊毛可塑性高、溫暖的特性。之後開始學習各種手作，尤其喜歡皮革跟織布，能將各種不同材質的元素結合，做出與眾不同的作品最有成就感。工作室位於內湖葫州站。

Wow Wow Wool 皮革、手織、羊毛氈

粉絲團 https://www.facebook.com/WowWowWool/
部落格 http://wowwowwool.blogspot.tw/

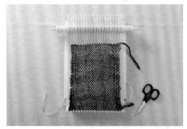

8 依序將布織到 20cm，把織好的布從織布機上取下。

9 用梳子將整塊布的疏密程度調整至平整。若是沒有簡易織布機，也可以用簡單的厚紙板或是紙箱。將經線繞上之後，把緯線穿在針上，再依序上下穿過經線即可。

10 選一面比較亂的當作背面，燙上布襯。

5 放入第一條緯線，把分線器轉方向，緯線自然會被卡住，把緯線向下梳到底。

6 放入第二條緯線後，整理至與第一條緯線有 30 度角，而轉角處只是輕輕靠著經線，不要太鬆也不要太緊（最左邊的經線保持直線）。將分線器換方向，把線卡住。

7 將緯線往下梳時，要從開口大的地方往小的地方梳，保持緯線的鬆緊度。

❀ 製作織布口袋

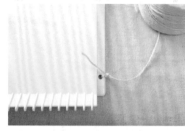

1 在簡易織布機上將經線打死結固定。

2 依序繞上經線，約 16cm 寬，結束端一樣打死結固定。

3 放入分線器。將經線整理至每格中只有一條線，且無錯漏。

4 將分線器立起，即可將相隔的兩條經線上下分開。把緯線纏繞在梭子上。在梭子的其中一端繞兩圈後，沿著梭子的側面繞 8 字形，左右各 10 圈。

19 將裡布對折，上方與上裡布正面對正面車合後，翻過來縫份往帆布倒後燙平，壓線在帆布上。

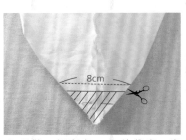

20 做一個寬度 8cm 的袋底。車好後留 1cm 縫份，多餘的部分裁切掉。

21 將表、裡布正面相對套合。

15 完成織布口袋的部分。

❀ 製作袋身

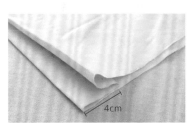

16 將表布對折。口袋放在表布的正中間，距離底部 6cm，用珠針固定。將口袋車上，最上面開口部分需回針加強。

17 表布正面向內，對折後，兩側再各自折 4cm。

18 將長邊車合，留縫份 0.7cm。表袋身完成。

11 取 3×14cm，厚度 6mm 的皮革，在寬度 1cm 處對折。用菱斬依序打上洞。

❀ 皮革縫法

12 取要縫長度的四倍長蠟線。將線的兩端各自穿上皮革針。依序從左手邊縫到右邊，第一個洞和第二個洞同時進，把兩條線拉到等長。

13 放掉右邊的線，將左邊的線從第二個洞的線上方插入。每次縫完都要將兩條線稍微拉緊。依序將整條皮革縫完。

14 縫到最後一針時，把兩條線穿在布跟皮革的中間。最後在看不見的地方，將兩條線打上死結後，留下 3mm 剪斷。

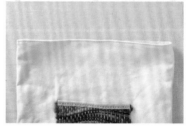

28 內側加強皮片也放上後，組合固定釦。在包包內側用平凹斬將固定釦打緊。

25 棉布沾上少許貂油，用畫圓的方式在皮革正面均勻的抹上一層。將皮革的背面與邊緣塗上床面處理劑，再用磨邊棒磨至光滑。

22 在後面（沒有口袋那面）留下約 10cm 返口車合，翻回正面。燙平整後，上緣壓線一圈，一起把返口車合。

29 提把內側各距離中點 5cm 處。

26 在包包上打上跟皮革提把一樣距離的洞。

❀ 製作與固定皮帶

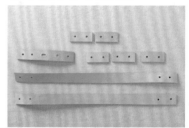

23 皮帶部分皆為寬 2cm、厚度 2mm。包括背帶一條（長140cm）、背帶扣環處（長11cm）、提把內側片五片（長 4cm）、提把二條（長35cm）。

30 背帶一側先與包體固定。將皮片從皮帶釦環下側穿入，扣環插入橢圓形的洞，兩側再往下折，前後各一片包住包身的側面，釘上固定釦。

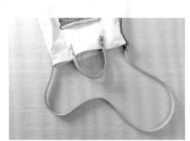

31 將背帶在想要的長度打上洞，穿入扣環後，即完成可以手提、側背、斜背，好看又多用途的托特包。

27 扣環的皮革（11cm×2cm）中間用橢圓丸斬打洞。另外兩端一樣打上四個洞。

24 將提把與背帶固定內側的皮片用丸斬在兩端各距離 1cm 處打洞。

蕾絲水兵領洋裝

歡樂動物樂園的布花樣，色彩活潑又好看，加上女孩喜歡的元素，
皺褶、蕾絲和蝴蝶結，製作出精美的漂亮洋裝。想像著女兒或小
女孩穿上的模樣，一定十分純真可愛，討人喜歡。

製作示範／ Meny 編輯／ Forig
成品攝影／詹建華
完成尺寸／全長 57cm （Size：F）
難易度／ ✿✿✿

✎ *Materials* 　紙型 Ⓑ 面

裁布

用布量
（幅寬 110cm）主色布 4 尺，配色布 2 尺。

	尺寸	數量
主色布		
前身上片	紙型	2 片（左右各 1）
前裙下片	紙型	2 片（左右各 1）
前貼邊	紙型	2 片（左右各 1）
袖子	紙型	2 片（左右各 1）
後身上片	紙型	1 片
後裙下片	紙型	1 片
後貼邊	紙型	1 片
袖攏滾邊條	4×50cm	2 條（裁斜布）
腰帶環（直）	25×3cm	1 條
配色布		
領子	紙型	2 片
腰帶（直）	4×110cm	1 條

※ 以上紙型、數字尺寸皆已含縫份。

其它配件：純棉蕾絲長 110cm、五爪釦 5 組。

樣衣及紙版尺寸為 F 號	單位：公分
全長（後中量至下襬）	57cm
肩寬	7 cm
裙長	30cm
腰圍（一圈）	76cm

✎ *Profile*

公司名稱：愛爾娜國際有限公司

電話：02-27031914

經營業務：日本車樂美 Janome 縫衣機代理商
　　　　　拼布專用布料進口商
　　　　　縫紉週邊工具及線材設計研發製造商
　　　　　簽約企業手作課程設計教學
　　　　　手作教室創業加盟輔導

信義直營教室：台北市大安區信義路四段 30 巷 6 號（大安捷運站旁）

師大直營教室：台北市大安區師大路 93 巷 11 號（台電大樓捷運站旁）

Elna

作者：Meny

經歷：愛爾娜國際有限公司商品行銷部資深經理
　　　簽約企業手作縫紉外課講師
　　　手作教室創業加盟教育訓練講師
　　　永豐商業銀行ＶＩＰ客戶手作講師

6 同作法完成另一邊袖子接合。

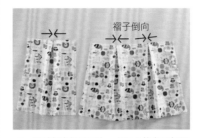

2 取前後裙下片，褶子依記號兩側向內折，並於縫份處疏縫。

薄布襯燙法：後貼邊、前貼邊。

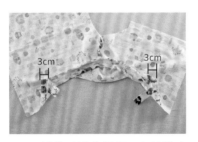

7 取袖攏滾邊條燙好，與袖攏車合，頭尾端各預留 3cm 不車。

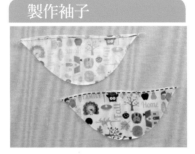

3 袖子袖口處 0.5cm 三折縫，正面壓裝飾線。

前身拷克部位：前身上片脇邊、前裙下片脇邊、前肩脇、前貼邊肩脇。（圖示畫線為拷克部位）

8 前、後身上片脇邊車縫，縫份燙開。

4 袖山依記號點疏縫並抽皺。

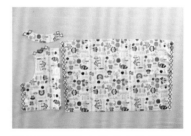

後身拷克部位：後身上片脇邊、後裙下片脇邊、後肩脇、後貼邊肩脇。（圖示畫線為拷克部位）

製作前後衣身

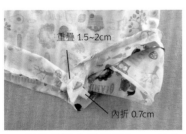

9 袖攏滾邊條量好長度，一端內折 0.7cm，另一端重疊車合。

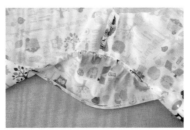

5 袖山中心點對齊上衣身肩線，再與袖攏記號對合好車縫。
◎注意袖子前、後不要與衣身對錯。

1 前後身上片正面相對車縫肩線，縫份燙開。

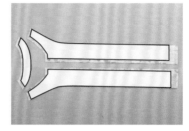（褶子倒向）

製作袖子

製作領子與下襬處理

18 蕾絲兩端反折 0.5cm 收邊車縫，並疏縫一道抽皺。

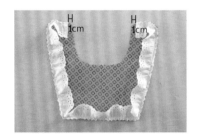

19 再沿著領子外緣處疏縫，兩端固定在領子縫份 1cm 內。

20 取另一片領子正面相對車合外緣處，並修剪縫份成 0.5cm。

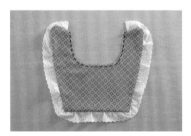

21 翻回正面，領圍處疏縫固定。

14 腰帶環於裙下片後中心、脇邊、前裙褶子處疏縫。

15 再取前後身上片與裙下片正面相對車合。

16 縫份一起拷克，倒向上方；貼邊外緣處拷克。
（圖示畫線為拷克部位）

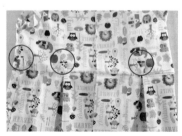

17 翻回正面，腰帶環另一端反折 0.5cm 壓線固定。

10 袖攏圍彎處打牙口，另一側包邊壓線或藏針縫收合，完成袖子車縫。

接合前後貼邊與衣身

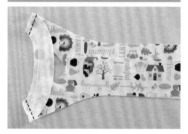

11 取前後貼邊正面相對，上方對齊車合，縫份燙開。

12 取前後裙下片正面相對車合脇邊。

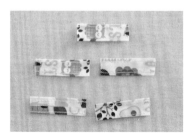

13 腰帶環用 12mm 滾邊器燙好，在正面兩側壓線並裁成 5 等份。

釘釦與製作腰帶

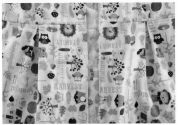

28 門襟處依紙型記號在相對位置上固定五爪釦。

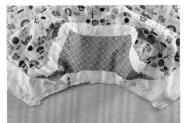

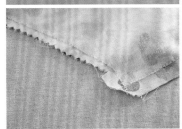

25 轉角處修剪掉縫份，領圍處縫份打牙口。

22 領子再與衣身領圍依記號疏縫固定。

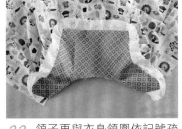

2cm
1cm

23 裙下襬和貼邊下方先折燙1cm，再折燙 2cm。

29 取腰帶布對折，縫份四邊往內折燙 1cm 收邊，於正面壓一圈裝飾線。

26 門襟下襬處反折，車合至門襟寬度。

組合貼邊

30 穿入衣身腰帶環，繫上蝴蝶結即完成。

27 翻回正面整燙並整圈壓線。

24 衣身門襟與貼邊正面相對車合。

從簡單好穿搭的基礎A字裙開始，開拓手作洋裁的新領域。一步步帶領你打穩根基，學習各式服飾的車縫技巧與細節，讓你不只會作包，連手作服也難不倒，穿搭一手包辦。

製作示範／鍾嘉貞　編輯／Forig　成品攝影／林宗億
完成尺寸／裙長53cm（Size：F）
難易度／☆☆

桃花開百搭A字裙

樣衣及紙板尺寸為F號 單位：公分	
腰圍	74～84cm
臀圍	98cm
裙長	53cm

Materials 紙型 D 面

用布量：（幅寬110cm）共需5尺。

裁布：

前裙	紙型	1片
前上片	紙型	1片
前貼邊	紙型	1片
後裙	紙型	1片

其它配件：4cm寬鬆緊帶長32cm、洋裁襯。

※以上紙型未含縫份。

工欲善其事，必先利其器，在衣服的製作上，各式工具的輔助更能增添縫紉的樂趣和效率。

裁剪工具：布剪、方格尺、記號筆（布用的皆可）、布鎮、平待針。

車縫工具：縫紉機、拷克機、線剪、珠針、強力夾、錐子。

整燙工具：熨斗、燙墊、縫份燙尺。

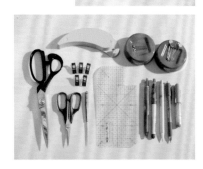

布料裁剪與縫份留法：

❶ 腰圍反摺份量要足夠，圖片中的2條線要等長。

❷ 脇邊合對記號，前後片都要剪一個小小的牙口。

❸ 下襬脇邊處也要注意縫份的留法，圖片中的2條線要等長。

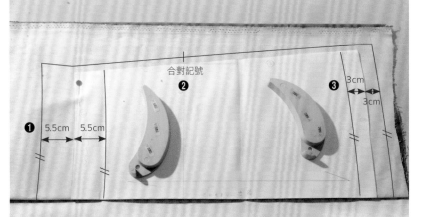

合對記號
❷
❸
3cm
3cm
❶
5.5cm 5.5cm

作品特色：

1. 初學者也能輕鬆完成，學習無負擔。

2. 裙子用鬆緊帶設計，簡潔好穿脫，尺寸範圍大，製作更容易。

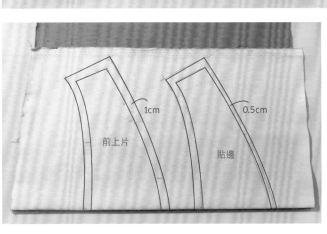

1cm
0.5cm
前上片
貼邊

鍾嘉貞 Profile

一個熱愛縫紉手作的人，喜歡手作自由自在的感覺，在美麗的布品中呈現作品的靈魂讓人倍感開心。現任飛翔手作縫紉館才藝老師。

飛翔手作有限公司

http://sewingfh0623.pixnet.net/blog

新北市三重區過圳街七巷 32 號（菜寮捷運站一號出口正後方）

02-2989-9967

☆接合前後裙

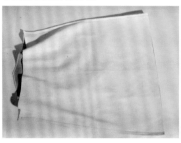

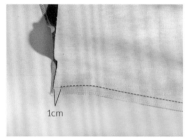

6 前後裙正面相對車縫脇邊,上端 1cm 不車回針,縫份燙開。

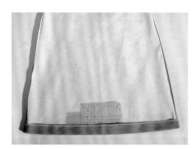

7 裙下襬縫份往上 3cm 摺燙,可使用縫份燙尺輔助,更為快速。

☆製作後裙鬆緊帶

8 後裙腰圍先往下折燙 1cm 再折燙 4.5cm,前片貼邊也往下一起折燙平整。

3 中心 V 處剪去多餘縫份,並將縫份朝向前上片整燙。

☆前上片接縫貼邊

4 前上片和貼邊正面相對車縫 1cm,頭尾處要回針,在腰圍凹處每隔 0.7cm 打牙口。

5 翻回正面,縫份倒向貼邊,車縫臨邊線固定。

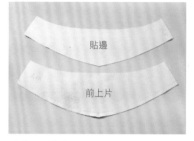

貼襯:前上片和貼邊是同一片紙型,但是要注意縫份的留法不同,貼邊的下方只要 0.5cm 的縫份,兩片都要貼上洋裁襯。

拷克:前裙先和前上片接縫後再進行拷克。拷克的部位為:前 / 後片脇邊和下襬,貼邊的脇邊和下方 V 型處。

☆製作前裙上片

1 取前裙和前上片,中心點位置都畫出完成線,點對點用珠針固定。

2 從邊緣車至中心點定針,打牙口後再繼續對合往下車縫。

16 翻回正面整燙平整即完成。
◎從照片中可以看到正面無明顯壓線痕跡，下襬顯得清爽乾淨。

12 並在剪接線壓落機縫固定。

下襬盲縫：線的顏色同布色或是換上透明線。

13 從縫紉機花樣找到如上圖的盲針縫花樣。

14 並換上其搭配的壓布腳，從脇邊接線處起針，車縫一圈。

15 下襬車縫好示意圖。

9 取寬鬆緊帶 32cm 長，將左右固定在脇邊縫份處。
◎可先車直線固定再用Z字型花樣加強固定。

10 包覆鬆緊帶邊緣車縫臨邊線固定。（不要車到鬆緊帶）

☆前上片與下襬處理

11 翻回正面，前上片剪接線上 0.7cm 車縫裝飾線。

花編新紋
韋億興業有限公司

韋億興業有限公司 創于 1987 年，至今已有數十年的材料生產經驗。
產品項目包括各式花邊、織帶、鈕釦、拉鍊、商標、五金扣飾、鑽石配件等等，
近年又積極開發婚紗花邊、花片、蕾絲、拼布手作娃娃等系列花邊織帶。

店面特色

走進花編新紋彷彿進入繽紛的花園，店內充滿各種彩色的織帶、圖樣多變的造型彩釦，以及擁有不同工藝作法的婚紗蕾絲與花片，種類豐富多到目不轉睛。

除了各種婚紗用的黑白蕾絲、五顏六色的緞帶和彈性帶，造型多樣化的中國盤釦外，今年度更增加不同類別款式的蕾絲花邊與各式各樣的五彩釦及裝飾作品用的手鉤小花等，提供著數千種的手作材料，滿足創作時所需的材料選擇，讓你激發出更多創意作品。

營業時間：週一～週六9:30~19:00

TEL：02 -25587887
店址：台北市大同區延平北路二段60巷19號
TEL：02 -25580794
店址：台北市大同區延平北路二段36巷20號

E - mail：wellyear168@yahoo.com.tw
網站：http://www.pcstore.com.tw/wellyear168

幸福特企

甜蜜婚禮布小物

將滿滿祝福的心意注入作品裡，贈予對方分享幸福。

相伴成雙護照套

運用新郎和新娘服裝上有的配飾當素材,點綴在護照套上,塑造出成雙成對的幸福之感。是送給新人最佳的新婚禮物,讓他們到國外渡蜜月時剛好能使用,心意十足的婚宴祝福禮。

製作示範／Bella　編輯／Forig　成品攝影／林宗億

完成尺寸／寬 12cm × 高 16.5cm

難易度／●●

PROFILE

quoi quoi。布知道

Bella

2009 年開始接觸布作，喜歡製作美麗又簡單的包款，從手作中找到沉澱心靈的力量。著有：《手作的時間》

工作室：淡水區民族路 110 巷 45 弄 4 號
02-28097712
（營業時間不固定，請先來電預約）

部落格
http://lisabella.pixnet.net/blog
臉書粉絲專頁
https://www.facebook.com/bellaszakka

Materials　　　　　拓印英文字體在紙型 C 面

用布量：共約 1 尺。

裁布：

表袋身 A	18×22cm	1 片
表袋身 B	18×6cm	1 片
裡袋身	18×26cm	1 片
左筆插袋	6×16cm	1 片
左檔布	12×12cm	2 片
右口袋 a	24×12cm	1 片
右口袋 b	16×12cm	1 片
右檔布	18×12cm	2 片

其他配件：

皮飾片（8×1.5cm）1 個、1.2cm 四合釦 1 組、8mm 鉚釘 1 組、蕾絲適量、造型釦 1 個、壓克力顏料少量。

※ 以上數字尺寸皆已含 1cm 縫份。

09 再將左筆插袋置中擺放上，車縫兩邊和中心線。

10 取另一片檔布正面相對，沿圖標線位置車縫，並修剪掉轉角多餘的布。

11 翻回正面，如圖示沿邊車縫0.1cm壓線。

12 將車好的檔布擺放在裡袋身左側下方對齊，兩邊疏縫固定。

05 印好字體後放置一旁待乾，完成表袋身。

製作裡袋身

06 取左筆插袋對折車縫兩邊，並修剪角度縫份。

07 翻回正面並燙整，折雙處壓一道裝飾線。

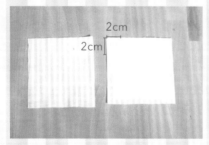

08 取左檔布，其中1片燙上不含縫份厚布襯，左上角各進來2cm修剪掉布襯。

製作表袋身

01 取表袋身A、B背面燙不含縫份的厚布襯。

02 再將2片正面相對，車縫一道。

03 縫份倒向B，正面壓0.1cm臨邊線固定。

04 將想印的字體刻好，在A正面喜好位置印上壓克力顏料。

21 翻回正面整燙，並藏針縫合返口。

22 依個人喜好用蕾絲和造型釦做裝飾，縫在英文字下方固定。

23 在護照套開口處依喜好位置釘上皮釦片，前方釘四合釦，後方釘上鉚釘即完成。

17 與另一片右檔布正面相對，車縫一道。

18 翻回正面，縫份倒裡片，正面壓線 0.1cm 固定。

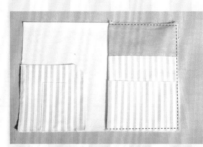

19 對折放置在裡袋身右側，疏縫三邊固定。

組合袋身

返口

20 將表、裡袋身正面相對車縫一圈，上方留一段返口，並修剪四角縫份。

13 取右口袋 a、b 對折，折雙處分別壓一道裝飾線。

14 將 b 放置在 a 上方對齊，車縫一道分隔線。

15 取右檔布，1 片燙上不含縫份厚布襯。

16 再將右口袋疊至上方對齊，疏縫三邊固定。

甜蜜小屋零錢包

從實用的小物包開始,勾勒出甜蜜成家的預想圖,提醒自己在日常生活的瑣碎小事中,不忘記一點一點品味幸福,也為新的一段人生歷程做個紀念。

示範、文／Rocasa 手作坊　編輯／Vivi　攝影／詹建華
完成尺寸／長約 12cm × 寬約 11cm
難易度／❤❤

甜蜜婚禮
布小物

PROFILE

Rocasa 手作坊

楊若圻老師

自學玩布近 10 年時間，因緣際會之下
投入教學經歷 3 年。因為教學而結識了
更多玩布愛好者，視野也更寬廣了。

Rocasa 手作坊：
http://blog.xuite.net/rocasa/wretch

FB 粉絲專頁：搜尋 Rocasa 手作坊

Materials　　　　　紙型 C 面

裁布：

屋頂表布	依紙型	2 片（燙襯）
屋子表布	依紙型	2 片（燙襯）
裡布	依紙型	2 片（燙無縫份的襯）
布條	22×4cm	1 片

不織布 - 愛心		2 片
圖案布取圖		示範為俄羅斯娃娃圖案

其他配件：

拉鍊	8cm	1 條

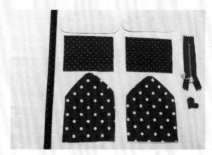

01 裁切好裁片。

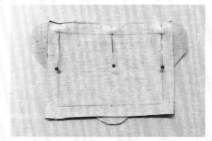

02 屋頂與屋子正面相對，縫合。

03 屋子前後片均縫合完成，縫份燙開。

06 於娃娃貼布上方繡上愛心裝飾。

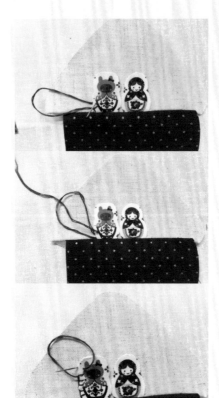

04 「毛邊縫」固定喜好的圖案布於屋頂上。

05 「毛邊縫」固定喜好的圖案布於屋頂上。

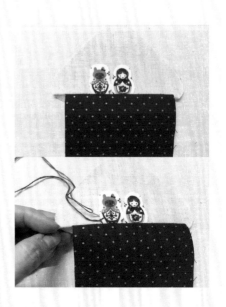

16 於轉彎處剪牙口。

17 直角處剪 45 度角，翻回正面時角度會較美麗。

18 翻回正面，裡布返口處以藏針縫縫合。

19 完成。

20 拉鍊頭可再用羊毛氈加工，更加可愛。

11 屋子後表布與裡布中間夾車縫合另一側拉鍊。

12 拉鍊縫合完成。

13 將壓好兩側裝飾線的布條疏縫固定於屋頂處。

14 蓋上另一片屋頂對齊。

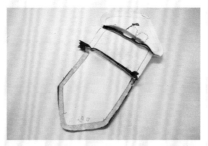

15 袋身車縫結合，並於裡布處留返口。

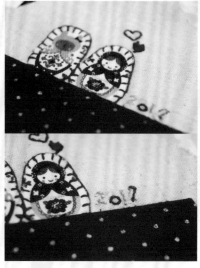

07 也可依喜好縫上文字或日期。

08 完成表布裝飾。

09 屋子前表布與裡布正面相對，底端夾一側拉鍊對齊，拉鍊正面對表布。

10 距離 0.5cm 處車縫拉鍊，翻回正面後整燙。

心心相映卡套

以幸運草為靈感來源，設計二顆大愛心內含二個小愛心，四顆愛心相對，形成心心相映概念。二顆小愛心內，可以繡上新人想給至親閨蜜的話語，如：手繡名字或同黨好友群稱方式，將新人的喜悅分享給親友，是一份獨一無二的婚禮小物。

示範、文／Snow　編輯／Vivi　攝影／詹建華

完成尺寸／長約 14cm× 寬約 8cm

難易度／❤❤

Snow

與縫紉機的巧遇始於 2008 年,然而這一邂逅,便開啟了不可思議的人生經驗。學商,從事行政工作,但在手作世界裡,找到自我、發現樂趣。對於作品,有著莫名「不重覆」的堅持,只因自己深愛那獨一無二感,也因此常在布料配色中發現驚喜與樂趣。

生活因手作而更精彩,視野因手作而更開闊。感謝家人與朋友的一路相挺,把握,手作的每一刻。

Snow's Zakka 部落格:
snowzakka.pixnet.net/blog
Snow's Zakka 臉書粉絲專頁:
www.facebook.com/SnowsZakka

Materials　　　　　　　紙型 C 面

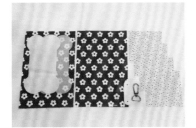

裁布:(紙型不含 0.7cm 縫份/數字尺寸已含 0.7cm 縫份)

布組

大愛心布	18cm×12cm	2 片
小愛心布	8cm×8cm	2 片

布襯

厚布襯	依紙型	2 片

其他配件:
透明塑膠片 8×6cm 1 片、1.6cm 皮釦 1 組(＋固定釦)、1.6cm 問號鉤 1 個、識別證伸縮夾(依個人喜好準備)

08 二塊布以珠針固定，沿愛心圖案線車縫一圈固定。

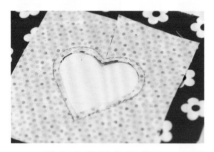

09 愛心車縫線內留約 0.2cm 縫份，剪下布料。

10 將小愛心布沿愛心洞口翻至主布後面，整燙出愛心圖案。
Tip：愛心凸角及凹角，可搭配錐子及骨筆使用。

11 取另一塊小愛心布，置於愛心洞口下，沿愛心圈壓線 0.2cm 固定。

05 取透明塑膠片，置於記號線上，沿塑膠片邊緣 0.2cm，車縫 U 字型固定。
Tip：車縫塑膠片建議使用皮革壓布腳，針趾放大。

06 取另一大愛心布，用消失筆，於正面依紙型於布上描繪外框。

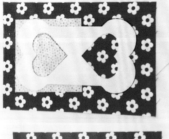

07 取小愛心布一塊，與主布正面相對，再將挖洞紙型置於上面，用消失筆，描繪出小愛心圖案。

01 以透明紙型膠版或白紙描剪紙型如上。

02 取大愛心布一塊，居中燙上厚布襯。

03 沿著布襯邊緣，預留縫份約 0.7cm 剪下。

04 翻回正面，依圖示標出記號線。

17 二塊主布正面相對，以珠針將二塊布6處凹點位置（如圖示）固定，側邊留返口位置（如圖示），沿布襯車縫一圈（頭尾需回針）。

外圍壓 0.2cm 裝飾線

18 6個凹點剪牙口，於返口處翻回正面整燙，返口以外圍壓0.2cm 裝飾線方式縫合。

19 釘上皮釦＋問號鉤，完成！

14 依愛心車縫線，置上紙型，用消失筆描繪外框。

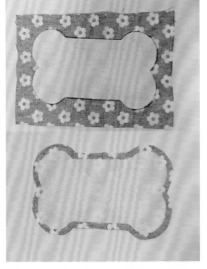

15 取另一厚布襯，置於外框上燙合，然後沿著布襯邊緣，留縫份約 0.7cm 剪下。

16 翻至正面，於小愛心區塊上繡字。（繡字隨個人喜好）

12 另一端愛心作法同步驟7~11。

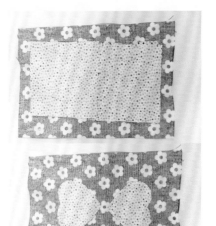

13 翻至背面，依愛心車縫線修剪多餘布料。

初戀鈕扣針線包
愛的急救包

送給新娘子的雙份甜蜜婚禮小物，收藏心愛的他的鈕扣，將初戀的悸動做成針線包；在未來共度的日子，也別害怕受傷，用愛的急救包讓我們彼此理解，幸福一輩子。

製作示範／游如意 × 林余珊　編輯／Joe　成品攝影／Jack
完成尺寸／針線包 - 寬 14.5cm× 高 12cm× 底寬 2cm
急救包 - 寬 12cm× 高 9cm× 底寬 2cm
難易度／🩷🩷🩷🩷🩷

甜蜜婚禮
布小物

Materials　　　　紙型 C 面

裁布：

鈕扣包

袋身用布	15×20cm（有紙型）	表裡各 1（舖棉 15×20cm）
裡口袋	11.5×11.5cm	1 片
	14.5×9.5cm	1 片
不織布	10×15cm(針收納片)	1 片（已含縫份 1cm）
	13×9cm（表袋裝飾）	1 片
配色布若干		

其他配件：

11×8cm 高腳口金、直徑 0.7cm 水晶、1cm 直徑扣子四顆、胚布 15×20cm 一片。

急救包

表布配色用布（五種）	10×16cm	各 1 片
表布後片（有紙型）	18×20cm	1 片
裡布（有紙型）	16×18cm	2 片
口袋布（有紙型）	16×20cm	2 片
舖棉	18×20cm	2 片
胚布	18×20cm	2 片
表拉鍊口布	3×10cm	1 片
裡拉鍊口布	3×9.5cm	1 片
薄布襯	20×55cm	1 片

其他配件：

繡線 ×4 色、珠子、緞帶、黑色東京線、出芽棉繩、造型釦、35cm 金珠拉鍊 ×1 條。

PROFILE

【初戀鈕扣針線包】

游如意（Sophia Yu）

· 日本手藝普及協會　指導員教師合格認定
· 日本 Bernina 會社
· Caryl B. Fallert 專業研習合格
· 美國 Joyce R. Becker 專業研習
· 著有《拼布配色事典》一書

台中市五權南路 199 號 12 樓之 1
facebook：布穀鳥創意拼布
網站：http://www.quiltersophia.com/

【愛的急救包】

林余珊

從小就對縫紉、編織充滿興趣，一次因緣際會走進住家附近的拼布教室，開啟我對拼布的喜愛。原本只是縫縫東西、做做包，直到 4 年前認識游如意老師，她開啟了我對拼布不同的視野，到日本看展、到上海參展、參與雜誌作品製作……。讓我認知到：熱愛並認真看待每件作品，會讓手作的溫潤更令人著迷。

107　CottonLife 玩布生活

10 撕下背紙燙黏在另一配色布的表面，周圍預留3cm空間。

11 將上步驟完成的布片背面燙黏奇異襯，再取扣子卡完整紙型畫在布面，撕下背紙後，與不織布燙黏。

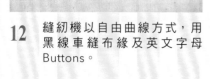

12 縫紉機以自由曲線方式，用黑線車縫布緣及英文字母Buttons。

11.5×11.5cm　14.5×9.5cm

05 裁下裡口袋用布共兩片。

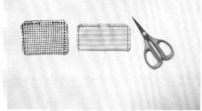

06 如圖對折，車縫三邊留返口，在四角處剪牙口。

07 翻至正面，整理好並燙平縫份，手縫縫合返口。

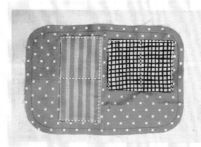

08 將兩片完成的裡口袋放在裡布位置上，車縫三邊及中間隔線，完成裡口袋。

09 將奇異襯黏配色布，取扣子卡小紙型畫好後剪下。

製作鈕扣包

01 取袋身用布加上舖棉、胚布，共三層。

02 三層一起壓平行線，間距為0.7cm，再將紙型放在表布描繪完成線。

03 使用縫份圈畫出0.7cm縫份後，再用縫紉機沿完成線車一圈。修去多餘布邊。

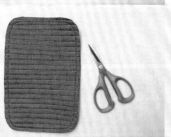

04 裡布以紙型描繪完成線，預留縫份0.7cm，修去其餘的布邊。

108

19 用手繡或自由曲線方式完成字母刺繡,再將袋體縫上口金。

20 以貼縫或保麗龍黏膠的方式,依步驟 18 的記號位置將扣子卡與剪刀固定在袋表,即完成作品。

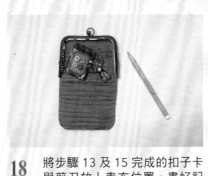

16 將裡布及表布對齊完成線,疏縫一圈,留返口。翻到正面,整理好後縫合返口,沿邊壓一道壓線。

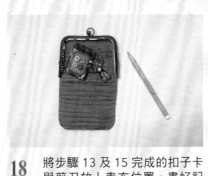

17 將 10×15cm 不織布取長度中心點位置畫一記號線,將不織布放在裡布面,以記號線對齊裡布中心線(折雙線),車縫記號線結合兩者,完成後即是針的收納片。

18 將步驟 13 及 15 完成的扣子卡與剪刀放上表布位置,畫好記號,並用計號筆寫上 Sewing Case 英文字。

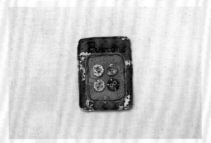

13 完成後沿卡片外緣線留 0.1cm 剪下,再將扣子縫上或黏上。

14 在車縫用描圖紙上畫好剪刀圖案,配色布以奇異襯燙黏在不織布上。

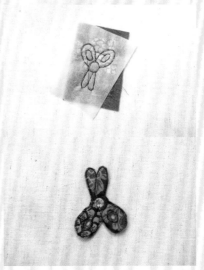

15 放上描圖紙後,以自由曲線方式沿圖案線車縫兩次,再沿外緣線剪下,以保麗龍膠將水晶黏在剪刀軸心。

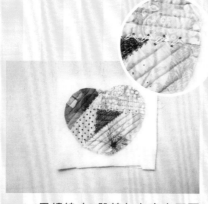

03 用繡線（2股線）在表布正面刺繡裝飾，再縫上珠子。

04 用黑色東京線搭配紅色手縫線，繡上 "Love Aid" 文字。

06 取紙型在壓好線的兩片表布上，以水消筆描繪完成線，再用縫紉機靠著完成線疏縫一圈。於表布正面縫上蝴蝶結及造型釦。

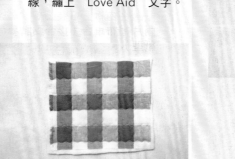

05 表布後片布與舖棉及胚布三層疊放疏縫，以縫紉機搭配均勻壓布腳進行壓線（可選擇緞染線依布的花紋，車縫花樣）。

07 將出芽棉繩沿著完成線分別疏縫在表布前片及後片上。

01 剪下 A~E 五片紙型，將紙型背面分別畫在五種配色布背面，外留 1.5cm 縫份，剪下。依照順序由內而外拼接 A、B、C、D、E，完成表布正面。

08 35cm 拉鍊與表拉鍊口布（口布中間請先燙上 1×8cm 薄布襯），頭尾車合成一圈，做為側身。

02 表布正面整燙之後，與舖棉及胚布疏縫固定，進行三層壓線（壓線方式可參考紙型）。

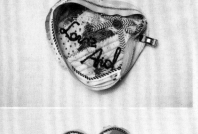

15 表袋身的內部縫份，以捲針縫方式處理，固定縫份。

12 將口袋車縫固定在裡布上。

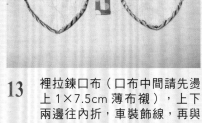

09 拉鍊側身與表布前片及表布後片車合（接合點請參考紙型），完成表袋身。

13 裡拉鍊口布（口布中間請先燙上 1×7.5cm 薄布襯），上下兩邊往內折，車裝飾線，再與兩片裡布車合（接合點請參考紙型）。

16 以立針縫或藏針縫方式縫合表裡袋身，完成作品組合。

10 裡布 2 片分別燙上薄布襯（布襯不含縫份），依紙型外加 1cm 縫份，剪下。

14 取紙型在裡布正面描繪參考完成線，剪牙口，將縫份沿著完成線往內整燙，用縫紉機車縫固定縫份，完成裡袋身。

11 口袋布燙半邊襯（布襯不含縫份），依紙型外加 1cm 縫份折雙後，剪下。以縫紉機搭配萬用壓布腳在袋口處車裝飾線。

送給新娘的實用賀禮
娉婷手拿包

作品介紹：
以立體布花結合珠飾及緞帶的運用，
包包是粉色系的軟包，搭配新娘禮服，
呈現出高貴典雅的韻味。

送給父母的感恩紀念框

送給新娘的甜蜜賀禮
初戀鈕扣針線包 & 愛的急救包

春日場景抱枕組 & 池塘小蓋毯

製作示範／雪小板　編輯／Joe　成品攝影／詹建華

完成尺寸／小鹿 長 35× 寬 28cm、兔子 長 31× 寬 17cm、蘑菇 長 29× 寬 26cm

花叢 長 59× 寬 21cm、蓋毯 長 101× 寬 69cm

難易度／☀●☀●☀

雪小板

創意拼布作家　拼布資歷八年
日本餘暇文化振興會一級縫紉合格

喜愛天馬行空幻想，善於利用圖案及配色，營造溫馨歡樂的幸福感。著有《艾蜜莉的花草時光布作集》合輯。

粉絲團：雪小板的手作空間
http://www.facebook.com/snowyhandmade

Profile

創作緣由

特別設計成場景，就是希望家中的氣氛能透過這些物件，產生可愛有趣的氛圍，抱枕也可以依喜好來佈置，創造出自己的場景故事。

鹿的原始設定是台灣梅花鹿，但因布花的圖樣，特徵就不明顯了。池塘內的黃花是萍蓬草，是台灣特有種。希望拼布的作品能帶點台灣元素，所以特別選了這兩種生物。

而池塘內的動物，選的是一般大眾較少聽過的【鸊鷉】，注音是ㄆㄧˋㄊㄧˊ。特色是媽媽會將幼鳥背在背上，幼鳥像是在搭船一樣，模樣十分可愛。可能是因為當了媽媽的關係吧，這樣的畫面很觸動我的心！

MATERIALS　紙型 D 面

裁布：
（準備明亮粉嫩布料數色）

小鹿	依紙型
兔子	依紙型
蘑菇	依紙型
花叢	依紙型
池塘小蓋毯	依紙型

※ 鋪棉約一碼，可用一般襯棉或美國棉等等，
　　但不建議使用有膠棉。

製作小鹿

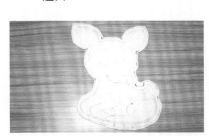

09　翻到背面，沿著小鹿的整圈臨邊線輪廓，外加 1.5cm 畫下來，得到車縫記號線，記得留返口。

10　與另一片底布正面相對，照著記號線車縫，返口處一定要回針。拿鋸齒剪刀修剪縫份，凹處則用小剪刀剪牙口，越貼近車線越好，但注意不要剪到車線！若覺得不保險，怕有脫紗的問題，也可稍微塗膠固定。

11　由返口翻正，可先翻耳朵就能直接拉著耳朵翻回正面。再由返口處塞棉花，可用竹尺推棉花，份量塞得稍微澎澎的即可，須避免圖案變形。

05　準備二塊底布，建議白色系的較能突顯顏色。先在背面燙上薄布襯，接著在其中一片的正面，用可消失的記號筆畫上小鹿的輪廓。

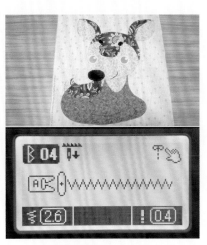

06　參照紙型上的編號，依序將零件貼上，每貼一個就壓 0.2cm 臨邊線，照次序完成。

```
▷ 04  ⬇+              ⌁⟍
A⟨C⟩+ MWWWWWWWWW
⬍ [2.6] ▮▮▮▮      ! [0.4]
```

07　所有零件都車在底布上了，在身體上畫出腳的線條，並利用鋸齒縫繡出來。參考的設定值如下圖。

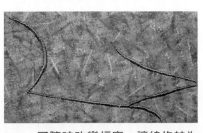

08　可隨時改變幅寬，讓線條較為生動。

01　在厚布襯上描下小鹿的各部位線稿，若有重疊的部分，下層布料要多畫 0.5cm。再將厚布襯沿線剪下，燙在對應的配色布上，布邊多加 0.5cm 剪下。
（會重疊的部分就不需多加）

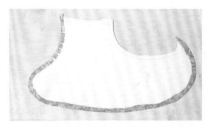

02　用熨斗將布邊向內折燙，圖形凹處記得剪牙口，可用燙衣漿來協助定型，再用布用口紅膠黏貼固定。

03　將所有的零件布邊都燙好。

04　可預先組合看看是否有缺件，以及配色是否恰當。

20 裝上隱形拉鍊壓布腳，靠齊左邊軌道，由止縫點開始車到另一個止縫點結束。

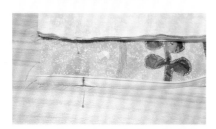

21 取抱枕圖案布這片，與拉鍊正面相對、布邊對齊，並對齊止縫點。此時兩片布料為正面相對。

22 拉鍊靠齊右邊軌道，也是由止縫點開始車到另一個止縫點結束。

23 拉鍊兩頭，距離止縫點約2cm的位置畫記號，利用鋸齒縫原地車5~7針，用來作為擋片的功能。再將多餘的拉鍊剪斷，之後車縫時就不會產生干擾。

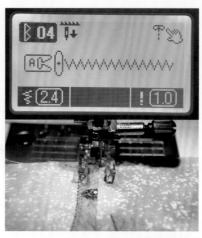

16 可參照設定，輪廓進行密針縫。鋸齒的右落針，要剛好貼在布的邊緣。

17 可選用同色系的機縫繡線來搭配。此圖形的重疊處不多，原則是先繡莖，再繡葉及花。

18 車縫隱形拉鍊。將兩塊抱枕布及隱形拉鍊都擺正面（如圖），並由左右向內5cm畫止縫點。

19 如圖示，先取抱枕背布與拉鍊正面相對、布邊對齊，並對齊止縫點，以珠針稍作固定。

12 返口處藏針縫，即完成！（兔子及蘑菇也是一樣的做法）

製作花叢

13 在厚布襯上描下花叢的各部位線稿，若有重疊的部分，下層布料要多畫0.5cm。

14 再將厚布襯沿線剪下，燙在對應的配色布上，延邊剪下，不需多留布邊。

15 抱枕底布先燙上薄布襯，再剪下62×24cm兩片。取其中一片將花叢各零件以口紅膠黏上。可描紙型的位置或依自己的喜好來擺放。

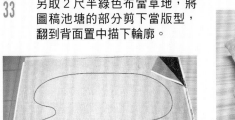

33 另取 2 尺半綠色布當草地，將圖稿池塘的部分剪下當版型，翻到背面置中描下輪廓。

34 再取一塊深綠色布，兩片正面相對，沿著剛才描的線車縫一圈。

35 車縫線往內留 1cm 的縫份後，將池塘的部分剪掉，縫份都剪牙口，並沿車縫線折燙。

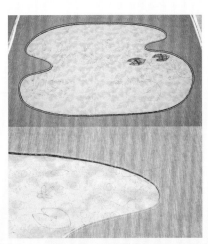

36 翻回正面，放到池塘布上對齊池塘輪廓，可別珠針固定後，延邊壓線。

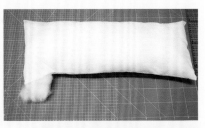

28 翻正後塞入適當的棉花，不用塞飽。返口可直接抓起來靠邊壓線封口即可。

29 塞入抱枕套。

30 完成一整組抱枕。

製作池塘小蓋毯

31 剪兩尺藍色布料當作池塘，描上圖稿。（因作品較大，若要描圖可黏在窗戶上透光來描）

32 因片數較多，記得將編號標上，以利作業。

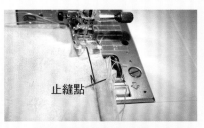
止縫點

24 參考的設定值如上圖。拉鍊拉至一半的位置，抱枕布正面相對，車縫拼接拉鍊兩端的布（縫份約 1cm）。由布邊開始車縫，車到盡量靠近止縫點的位置回針固定。兩端作法相同。

25 將剛拼接好的兩側縫份打開折好，接著車縫其他三邊。

26 翻回正面後，抱枕套即完成。

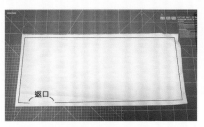
返口

27 取白色薄布料 65×27cm 兩片（枕心尺寸要比抱枕套大），留一返口，車縫四邊。

45 沿著所有物件的邊緣做落針壓線，接著再視畫面美感，畫上橢圓形的水漣漪，平衡壓線密度。加上漣漪後畫面較生動。

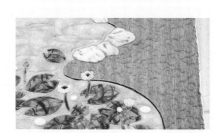

46 草地的部分可選擇自由曲線的壓法，或其他自行設計的圖案，讓整件作品壓線的分布均勻即可。

47 參照版型修出草地的輪廓，並疏縫固定邊緣。也可略為擴大，讓被子變大件一點。

48 最後將作品包邊一圈，即完成！

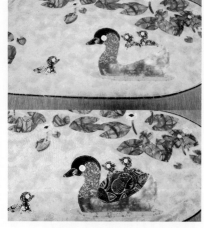

41 將鴛鴦的零件依序車縫固定上，完成如圖。

42 池塘植物的密針貼布繡，同花叢抱枕的密針縫方式。

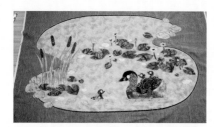

43 繡完所有圖案後，開始準備鋪棉壓線。

44 將表布、鋪棉、背布，用拼布用噴膠略為固定，膠不要噴太多會變硬（也可使用自己慣用的方式固定）。四邊可先疏縫固定，並稍作修剪成適當大小，壓線時比較不受干擾。

37 翻回背面，將多餘的池塘布及第二層草地剪掉，縫份留1cm。（草地的部分才不會太厚）

38 池塘內的物件除了鴛鴦之外，都是用奇異襯來製作。先將圖稿描在奇異襯上（要描反面、鏡像的圖案），輪廓線外加約0.2cm剪下，再燙到適合的配色布背面。

39 沿著輪廓線剪下。撕下背紙後，將所有的零件依照前編碼順序燙上。

40 製作鴛鴦使用的是厚布襯，貼布作法請參照小鹿抱枕的製作。

CottonLife 玩布生活 No.24

讀者問卷調查

Q1.您覺得本期雜誌的整體感覺如何？　□很好　　□還可以　　□有待改進

Q2.您覺得本期封面的設計感覺如何？　□很好　　□還可以　　□有待改進

Q3.請問您喜歡本期封面的作品？　　□喜歡　　□不喜歡

原因：＿＿＿＿＿＿＿＿＿＿＿＿＿＿＿＿＿＿＿＿＿＿＿＿＿

Q4.本期雜誌中您最喜歡的單元有哪些？

□初學者專欄《橘子吐司腰包》 P.04

□拼布Fun手作《花香菱形立方抱枕》、《雙面風情工具袋》、《醉漢之路托特包》 P.10

□刊頭特集「氣質甜美貝殼包」 P.27

□基礎打版教學《圓弧底袋身+側身版型》 P.52

□混搭風專題「布料Mix素材包款」 P.57

□童裝小教室《蕾絲水兵領洋裝》 P.83

□輕洋裁入門課程《桃花開百搭A字裙》 P.88

□幸福特企「甜蜜婚禮布小物」 P.93

□季節篇《春日抱枕組&池塘小蓋毯》 P.113

Q5.刊頭特集「氣質甜美貝殼包」中，您最喜愛哪個作品？

原因：＿＿＿＿＿＿＿＿＿＿＿＿＿＿＿＿＿＿＿＿＿＿＿＿＿

Q6. 混搭風專題「布料Mix素材包款」中，您最喜愛哪個作品？

原因：＿＿＿＿＿＿＿＿＿＿＿＿＿＿＿＿＿＿＿＿＿＿＿＿＿

Q7.幸福特企「甜蜜婚禮布小物」中，您最喜愛哪個作品？

原因：＿＿＿＿＿＿＿＿＿＿＿＿＿＿＿＿＿＿＿＿＿＿＿＿＿

Q8.雜誌中您最喜歡的作品？不限單元，請填寫1-2款。

原因：＿＿＿＿＿＿＿＿＿＿＿＿＿＿＿＿＿＿＿＿＿＿＿＿＿

Q9.整體作品的教學示範覺得如何？　□適中　　□簡單　　□太難

Q10.請問您購買玩布生活雜誌是？　□第一次買　□每期必買　□偶爾才買

Q11. 您從何處購得本刊物？　□一般書店　　□超商　　□網路商店（博客來、金石堂、誠品、其他）

Q12.對粉絲團的影音教學有什麼建議或需要改進的地方？

＿＿＿＿＿＿＿＿＿＿＿＿＿＿＿＿＿＿＿＿＿＿＿＿＿＿＿＿＿＿＿＿＿＿＿

Q13.感謝您購買玩布生活雜誌，請留下您對於我們未來內容的建議：

＿＿＿＿＿＿＿＿＿＿＿＿＿＿＿＿＿＿＿＿＿＿＿＿＿＿＿＿＿＿＿＿＿＿＿

姓名 /	性別/ □女 □男	年齡/ 歲
出生日期 / 月 日	職業/ □家管 □上班族 □學生 □其他	
手作經歷 / □半年以內 □一年以內 □三年以內 □三年以上 □無		
聯繫電話 /（H） （O） （手機）		
通訊地址 / 郵遞區號 □□□□□		
E-Mail / 部落格 /		

請沿此虛線剪下，對折黏貼寄回，謝謝！

讀者回函抽好禮

活動辦法：請於2017年5月15日前將問卷回收（影印無效）填寫寄回本社，就有機會獲得以下超值好禮。獲獎名單將於官方FB粉絲團（http:// www.facebook.com/cottonlife.club）公佈，贈品將於6月統一寄出。※本活動只適用於台灣、澎湖、金門、馬祖地區。

45mm裁切刀

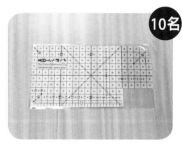

熨斗用止滑定規尺

縫份記號圈4入

請貼5元郵票

CottonLife 玩布生活

飛天手作興業有限公司　　編輯部

235 新北市中和區中山路二段391-6號4F

讀者服務電話：（02）2222-2260

黏 貼 處